阅读成就思想……

Read to Achieve

U0385855

THE QUANTUM SELF 量子与生活

重新认识自我、他人与世界的关系

［英］丹娜·左哈尔（Danah Zohar）◎ 著　　　修燕 ◎ 译

中国人民大学出版社

· 北京 ·

图书在版编目（ＣＩＰ）数据

量子与生活：重新认识自我、他人与世界的关系 /
（英）丹娜·左哈尔（Danah Zohar）著；修燕译. -- 北
京：中国人民大学出版社，2020.6
ISBN 978-7-300-28191-9

Ⅰ．①量… Ⅱ．①丹… ②修… Ⅲ．①物理学哲学
Ⅳ．①04

中国版本图书馆CIP数据核字(2020)第096381号

量子与生活：重新认识自我、他人与世界的关系

［英］丹娜·左哈尔　著

修　燕　译

Liangzi yu Shenghuo: Chongxin Renshi Ziwo、Taren yu Shijie de Guanxi

出版发行	中国人民大学出版社		
社　　址	北京中关村大街 31 号	**邮政编码**	100080
电　　话	010–62511242（总编室）		010–62511770（质管部）
	010–82501766（邮购部）		010–62514148（门市部）
	010–62515195（发行公司）		010–62515275（盗版举报）
网　　址	http://www.crup.com.cn		
经　　销	新华书店		
印　　刷	天津中印联印务有限公司		
规　　格	170mm×230mm　16 开本	**版　次**	2020 年 6 月第 1 版
印　　张	16　插页 1	**印　次**	2020 年 6 月第 1 次印刷
字　　数	230 000	**定　价**	65.00 元

丹娜·左哈尔把现代物理学与意识、人在社会及宇宙空间中表现出来的特征成功地统一了起来。我隆重地推荐《量子与生活》这本书。

戴维·玻姆（David Bohm）

伦敦伯克贝克学院理论物理学名誉教授

丹娜·左哈尔清醒地看到，我们需要一个全新的科学学说来分析大脑特性、意识特性……《量子与生活》不仅引人入胜，而且文笔优美。

杰弗里·A.格瑞教授

伦敦莫斯利医院精神病学研究所

在牺牲了大量树木印刷出来的关于"量子物理学与整体论，量子物理学与神秘主义……"这类主题的书中，《量子与生活》虽然风格类似，但这是第一本让我读起来不想用鞭子抽作者的书。相反地，它是一本非常有思想的书，立足科学的同时探索人性……左哈尔没有把两者对立起来。

《洛杉矶时报》

左哈尔的写作风格坦率、清晰，可以激发出许多思想；她的这本《量子与生活》使人着迷。

《新政治家》期刊

受牛津哲学氛围影响的科学家丹娜·左哈尔写了《量子与生活》这本思想深邃的书……她把笛卡尔哲学的朴素风格带入了自我的整体理论。

《观察家报》

左哈尔女士把抽象的概念写得相当明了，甚至充满趣味。她显然做了不少功课，广泛涉猎了当代思想家们有关思维与人工智能的思想或对他们进行了采访。

《纽约时报》

大多数物理学家和数学家在讲述这类问题时总是似是而非、模棱两可的，但《量子与生活》这本书作者不是这样的。

《听众》周刊

丹娜·左哈尔的《量子与生活》彻底颠覆了从笛卡尔、牛顿时期至今，在思考有关人格方面的问题时根深蒂固的思维定式。

《书商报》

科学界最核心的困难至今仍然是谜

郝景芳　《北京折叠》作者、雨果奖获得者、童行学院创始人

看这本书的动机很鲜明，我对"意识"问题很感兴趣。

我一直对意识问题很感兴趣，从中学看"第一推动"丛书开始，我就对《惊人的假说》《皇帝新脑》最感兴趣。到了大学，我又把薛定谔的《物质与意识》翻了又翻，对这个问题的探究几乎改变了我整个人的人生观、世界观。

毫无疑问，如何从物理物质中产生出精神意识，是整个人类科学史上最困难的一个问题，至今无解。

石头和人有什么区别？相信连四岁的孩子都能回答出来。但是如果问"石头和人为什么有这样的区别"，则连全世界最伟大的头脑都不能确切地说出答案。在科学革命最兴盛的年代，几乎所有科学家都相信，用伟大的机械力学和原子物理，很快就能解开意识之谜。然而多年过去了，对这个问题的理解，比起当年的知识，只进展了很小的一步。物理、化学和医学告诉我们，组成人体的物质与石头没有什么本质区别，都是质子、中子、电子的搭配组合。那么意识呢，意识出现在什么位置？

一种观点认为，意识，或者说精神或灵魂，就是科学无法解释的事物，永远都躲在科学家的能力范围之外。这是宗教或神秘主义最后的避风港，也是普罗大

众对科学的驳斥——科学解释不了一切，科学解释不了我们最关心的灵魂问题，因此不要认为科学万能。

另一种观点认为，意识不过是超级计算的结果，人脑产生意识是因为人脑中有上千万个神经元时时刻刻在进行计算，只要计算机能够模拟这样的计算，一定有同样的意识产生，这是早晚的事。这样的观点把意识等同于机器计算，因此相信一切尽在当前的科学掌握中。

这是对意识问题的两种极端观点，也是"反科学至上论"和"科学至上论"的核心争论。不幸的是，这两种观点都对解决真正的困难贡献甚微。神秘主义者往往回溯到传统宗教，从祷告、神迹或者开天眼、灵修中获得灵魂解答。即使保留对宗教和传统文化的敬重，也不能说这就是答案。这些做法都只是增加了个体想象，而对增进普遍认知毫无帮助。

与此同时，另一个极端，对计算机意识涌现的信仰，也不断遭到现实的打击。计算机的计算速度已经按照摩尔定律进化了三四十年，如今拥有了大数据深度学习能力的人工智能，已经能在最复杂的游戏中战胜人类，也能模仿人类说话和作曲，但是仍然无处可寻人工智能的自主意识。它们只会完成一个指令，可以分毫不差，但显示不出任何自主性。

可以预测，无论是向灵修寻找，还是向机器寻找，都还要继续寻找很多年；但很有可能，这两种寻找都是徒劳的。人类的意识发源于人类大脑，但很有可能具有不同于机器计算的其他机制。唯有这种机制被发现，科学才有可能宣称自己知识的完备。

对此，我们面对的是一条艰难道路。

只有在这样的背景下，才能看出这本《量子与生活》的意义。我不是说这本书找到了终极的正确答案，而是说这本书在这条艰难的道路上，尝试性地迈出了一步。作者考虑到量子力学纠缠与坍缩和意识过程的相似性，提出了一种新的量子机制作为人类意识的物理基础，这种尝试本身，就是有意义的。

虽然这是完全没有经过验证的理论猜想，但是我必须要鼓励和推荐这种思考和尝试，因为这是用人类已有的科学成果正面解答未知问题的探索性态度。如果不允许猜想，则科学永远不可能向未知拓展。在猜想的过程中能注重和现有科学系统的逻辑自洽，就是非常值得尊敬的思考态度。

对我而言，把物质意识对比为粒子波，是一种非常有启发性的猜想。意识是纠缠态，这样的猜想的确可以解释包括回忆和想象在内的很多现象。无论最终作者的提法是否正确，我都要感谢她给了我这样的启发。人经常会受到这一生中读到的思想的启发，从某种程度上说，这确实很像是量子态的隔空纠缠。为此，我要感谢这本书。

这本书是二十多年前的作品，但它提出的问题在过去二十多年中并没有太大的进展，在一个无色、无味、无感的物理世界中，人的主观体验从何而来，这是人类的谜中之秘。

希望这本书能抛砖引玉，启发未来更多的智慧大脑对这个终极谜题发起挑战。

感谢优秀的译者翻译出这样一本困难的著作，将深刻的问题带给了普通大众。希望未来更多这样的思考能够为人所知。

本书写作的起因比较偶然。一个电视节目组来采访我，讨论我写的另一本关于预知与现代物理学的书。我抱歉地解释道，因为怀孕了，我不愿意再思考抽象的问题。当制片人问我能谈些什么时，我举双手回答："母亲身份。"

之后，令人意外的是，我们竟然就母亲身份和现代物理学这两个方面的话题聊了很长时间。我发现，我在描述孕期的心理，描述第一个孩子即将出生、我将初为人母的感受时，我常常会借用量子物理学中对匪夷所思的亚原子世界的描述来隐喻自己。量子理论中那些描述现实的神奇画面，使我把孕期和做母亲的感觉表达得非常形象。更意外的是，这段对话竟然促使一档有关量子物理学的电视节目诞生了，最终还成为一本书中的部分内容。这件事启发了我。

我在 16 岁时第一次接触量子理论。从此，它影响了我对"新物理学"的看法，也影响了我的人生。一个人在青春期的后期往往会对很多事情产生疑问，并且急切地要去寻找答案，比如生命中的那些"重大问题"：我是谁？我在哪里？在事物发展的过程中，我的定位在哪里？为什么世界是这个样子？人终将逝去是什么意思？等等。我请教过父母，但他们的回答很有限；我请教过祖父母，他们用卫理公会的教义来解释，但他们的解释仍然不能解开我心中的疑问。后来，我竟然在新物理学中找到了一种富有诗意的探索方法。

在新物理学中，我接触到这样一些内容：物质与能量之间的能效值相等，波粒二象性表述了一种流变，海森堡测不准原理说现实中存在着引人入胜的不确定性；我还在自制的云雾室内，通过蒸汽径迹目睹了微观粒子的突然出生与死亡……这些新奇的内容就像兴奋剂，把我的想象力激发了出来。第六感觉告诉我，宇宙是非常"活泼"的。不过我当时所掌握的量子理论数学知识还不足以帮助我把这种感觉解释清楚，但我从此萌生了一种信念，我坚信这一切都是有意义的。

我在大学读了物理学专业。然而遗憾的是，我对新物理学的激情只燃烧了20年左右。之后我就一直扮演着母亲的角色，把自己淹没在忙忙碌碌的生活中。

我知道，对大多数人来说，物理学似乎只能仰望。那些复杂的数学公式、高深莫测的实验结果似乎与我们日常生活的所见所闻毫不相干，与我们的感觉或情绪也毫不相干，与我们生活中个人与社会之间产生的诸多问题更是毫无瓜葛。然而物理学与所有科学一样，都始于日常经验，始于我们对事物发生、发展的疑问和好奇，还有我们希望知道我们在这些事物中扮演的是什么角色或起到了什么作用。这些问题直接影响到我们每一个人，无论我们是不是科学家。

我后来发现，自己很容易沉浸在这类问题中。例如，每当与精神科医生兼心理治疗师的丈夫谈论起他的工作、有关大脑结构和人类意识的转化问题，或者回忆起与已故的克里希那穆提（Krishnamurti）讨论过的事物内部之间相互关系的问题时，我就会宣称："这是我的世界。"

自从初次接受电视节目组采访之后，我发现自己越来越经常地运用所学的量子物理学知识。在量子物理学中，对亚原子层面的现实（reality）[1]描述、对非常奇怪的电子现象的描述，使我对某些常见的哲学问题有了新的见解。比如，哲学中的人格同一性问题（我中有多少是真"我"，能找出多少真"我"）、精神 / 肉体的问题（有意识心智 / "灵魂"如何与肉身或其他物质相关联）、自由意志与决定论及其意义的问题等。除此之外，量子物理学也让我对生活有了更深刻的理

---

① 在哲学专业书籍中也经常译作实在。本书采用现实加着重号的方式来表述相同的意思。——译者注

解，比如对分娩过程、死亡、共情乃至心灵感应、我与他人之间的关系、仅仅被物质充斥着的世界（如许多藏污纳垢的市中心区）对意识的影响等问题的思考。

有时，量子理论似乎是一种有用的隐喻，它帮助我把这些思考聚焦到一个新的、更清晰的点上。它还部分地解释了"意识"及"日常经验"是如何起作用的。本书最初的写作目的是进行隐喻练习，但随着写作的继续，隐喻逐渐让位于实证分析，或者说让位于有根据的推测，即针对人类"心理的物理现象"的推测，以及针对道德与精神含义的推测。

在写书过程中，我感到很纠结，因为书中的每一章都可以单独成书。但是，"把我们自己看成量子人"本身就是一个全新的、具有颠覆性的概念，我认为最好还是先提供一个宽泛的"概述"，希望读者能够品出它的深意。也许会有人沿着其中的某条线索继续深入探究下去。

本书曾得到了许多人的帮助。在此特别感谢牛津物理学和哲学小组的成员们，我在与他们的多次讨论中得到了很多启发。感谢牛津心理治疗协会，其演讲计划竟然与我要展开的主题不谋而合。《牛津日报》的汤姆·凯尼恩（Tom Kenyon）曾帮助我解决了文字处理软件的问题；经纪人黛娜·维纳（Dinah Wiener）始终鼓励和支持我。早在我们划定写作内容的范围之前，她就先给本书确定了一个起点。

我曾轻描淡写地提到过我丈夫做出的智力贡献。此外，是他的耐心、天生的幽默感以及无数个日夜看护孩子的付出，成就了本书。

我无法用语言表达对这座城市和牛津大学的感谢，包括港口草甸和酒吧，周日清晨圣巴纳巴斯教堂的气息和钟声，令人神清气爽的无数美丽建筑，能自由进出的图书馆、大礼堂和会议室，以及众多参与讨论此话题的大学老师们。量子物理学告诉我们，人不能与周围环境分离。因此，我怀疑自己如果住在其他地方是否还能完成此书。

目 录

第1章

日常生活中的物理现象

17世纪，西方哲学与科学的革命对西方文化产生了巨大的影响。牛顿的经典物理学似乎能把物质世界中的一切都代入公式中，从而把人类与宇宙自然界彻底对立起来。笛卡尔哲学宣扬意识与物质分离的二元论，使得人们不再相信万能的上帝，只相信人类自己，并以自我为中心。人类的内心从此无依无靠，充满了孤独感。

西方的哲学与科学革命是把双刃剑，使人类物质生活水平大幅提高的同时精神变得空虚无依托。

近年来，随着量子物理学热的兴起，介绍量子物理学的书籍变得很受欢迎。但是我不打算将本书写成另一本这样的书，与其说本书是一本介绍量子物理学相关内容的书，不如说它是一本把有关现代物理学的真知灼见用于更好地理解我们的生活，理解我们与自己、与他人以及与整个世界关系的书。

需要特别说明的是，本书的主要目的是努力消除一种<u>疏离感</u>，这种疏离感从20世纪起就一直困扰着人类的生活。科学的进步让我们渐渐感觉到，从某种程度上来上讲，人类对于宇宙来说像个陌生人。人类仿佛是某种盲目进化力量偶然产生出来的副产品，这个副产品在宇宙事物发展进程中既发挥不了自己的作用，也与主宰世界的巨大不可抗力没有任何有意义的关系。为了阐明这个观点，我将仔细研究量子理论中物质和意识的关系，并且提出一种新的关于意识的量子力学理论。我们可以借助这一理论消除疏离感，并与宇宙重新建立起伙伴关系。

上面提到的这种疏离感在我们的文化中有着很深的渊源，如果向前追溯，至少可以追溯到柏拉图的哲学思想。在他的哲学里，精神世界与物质世界是分离的。再后来，这一哲学体系又吸收了基督教的思想。

众所周知，17世纪的哲学和科学革命对现代文化产生了巨大影响，这种影响主要来自笛卡尔怀疑论的教化以及牛顿经典物理学的诞生。两者都从根本上改变了我们看待自己的方式，也改变了我们与世界的关系。笛卡尔哲学把我们人类从早已习惯了的社会和宗教环境中拽了出来，并把我们直接推入了本书所谓的

"我是中心"的文化——一种以自我为中心、过分强调"我"和"我的"的文化。牛顿理论则把我们从宇宙自身的结构中拽了出来。

正是经典物理学将希腊和中世纪那个充满理想、充满智慧与活力的宇宙变成了死气沉沉的时钟机器。

虽然哥白尼推翻了地球中心说，也因此推翻了人类中心说，但是牛顿运动三定律及其宏观的力学模型之后也成为僵死的条条框框。它将一切事物都纳入了确定不变的运动规则中，让曾经丰富多彩、浩瀚无比的宇宙顿时被寂寞、寒冷所笼罩。人类及其奋斗的历史、生命与意识的存在似乎都与广袤宇宙的运动毫无关联。

纵观历史，我们对自己以及我们在宇宙中的位置的概念都是根据当时的物理理论得出的。因此300多年来，物理学家和非物理学家们分别在各自的领域里探索着自己的哲学，探索着认同感，探索着他们与世界、与被牛顿高冷学说束缚着的其他人打交道的方式。

马克思描绘了亘古不变的历史规律、达尔文创建了被动进化论、弗洛伊德提出了"黑暗灵魂之暴力"学说，这些多多少少都是受牛顿物理学启发而产生的。此外，勒·柯布西耶（Le Corbusier）的现代派建筑和大量科技产品，充斥着我们的生活和感官，并已渗透于我们的意识之中，以至于我们每个人都能在牛顿物理学的镜子里看到自己的影子。我们沉浸在伯特兰·罗素所说的"不屈的绝望"之中。

罗素在世纪之交撰写的《科学呈现给我们并让我们相信其存在的世界》一文中说道：

> 人是某些原因的产物，而这些原因对人想要达到的目的没有发挥任何可预见的作用；他的出生与成长、希望与恐惧、爱与信仰，都只是原子偶然排列的结果；炽热的火焰、伟大的勇气、强烈的思想和情感都无法阻止个体生

命最终走向坟墓；人类所有的劳动、奉献、灵感，所有鼎盛辉煌时的壮举，都注定在太阳系灭亡之际灰飞烟灭，人类成就的神殿也将被埋在宇宙的一片废墟中。

"在这个陌生的世界里，像人类这种软弱无能的生物，还能坚守住自己的志向吗？"他问道。是啊，在很大程度上我们无力坚守。

自20世纪以来，很多书籍中的描述和很多人的经历，似乎都在为我们展示一幅相当大的末世景象，让西方文化在道德、精神和美学等各个方面都处于一种压力之下。许多"旧的价值观"和普遍的信念受到质疑。西方文化的根基被动摇了。于是，大多数西方人都被裹挟着生活在一个存在主义英雄的时代，把自己视为价值观的创造者和良心的守护者。这是一种"现代主义"的尝试，从个人和文化的角度来看，这种尝试付出的代价是高昂的。

在我们与自己和他人的关系中，牛顿学说的影响是根深蒂固的。试想，假如我们只是偶然被造就的一个副产品、一枚被更大的不可抗力所操纵的棋子，我们还能对自己或对他人承担更多有意义的责任吗？

既然我们是世间的匆匆过客，我们的愿景都是徒劳的，还有很多不可控的因素（如人类本我的动力、基因的影响、阶级斗争和历史等）形成的合流将我们推来操去，使我们难以立足，我们还顾得上对任何事情负责吗？于是，许多现代社会学理论、教育学理论和个体心理学理论相继从这样的思想中产生——如同20世纪特有的战争暴力一样。这都是人类对自己如此无能为力的一种自然反应。

我们对待自然界和物质世界的态度也受到同样的影响。试想，假如我们的思想或者意识中的自我，与笛卡尔所说的物质中的自我完全不同，假如像牛顿物理学所表明的那样，人类的意识在宇宙发展进程中毫无作用，那么我们与自然和物质世界之间还会有什么关联吗？我们岂不是成了外星球上的外星人？我们与我们的物质世界不仅是分离的，而且是对抗的。所以我们要征服自然，压垮自然，从自然中攫取，不计一切后果。

米歇尔·塞雷斯（Michel Serres）说："人是造访这个世界的陌生人，对黎明、对天空、对一切事物都是如此。人痛恨这一切，与这一切不懈地斗争。对于人来说，环境是一个危险的敌人，需要与它战斗，需要征服它……"就是这种对自然界和物质世界的敌视态度或者说是疏离感，导致了20世纪自然环境被严重污染和破坏，各种人造材料和结构件等被盲目地生产和无限扩张。

颇为讽刺的是，尽管"牛顿世界观"仍然主宰着我们的生活和思想，但牛顿物理学的辉煌已经成为历史。虽然发电机和载人宇宙飞船的动力研究仍然依靠经典物理学，但它不再是创造性物理思维的前沿学科。在多数名牌大学里，这门课已经从本科生的课程表中取消，转而被当作中学的理科教材。于是"新物理学"闪亮登场。最重要的就是爱因斯坦的相对论和量子力学。这两种理论一问世就把物理学界搅得天翻地覆，并从根本上改变了物理学的研究方法。

需要说明的是，虽然相对论在某些物理学的研究方法中产生了重要影响，但它不太可能产生新的世界观。虽然对爱因斯坦的误读也助长了某些历史和人类学思想中的"相对主义"倾向，但相对论只是有关高速度和遥远距离的物理现象研究的理论。它在宇宙尺度上的研究中发挥着自己的作用，但在地球上、在人们的日常生活中却发挥不了什么作用。因此，尽管小学生们都知道空间是弯曲的，时间如我们所知"仅仅是一种错觉"——相对论思想，但普通人对日常现实的理解基本不会受到爱因斯坦理论的影响。

量子物理学则完全不同。它是研究原子内部微观世界物理现象的一门学科，用于描述我们所能看到的、至少是从物理的角度上所能看到的一切事物的内部运作方式。

我们的身体和世间万物都是由原子和更微小的部分组成的。支配这些微小部件的规则也渗透到我们的日常生活当中。比如，单个光子（或叫光"粒子"）会影响视神经的灵敏度。测不准原理能够裁定电子的行为，也能在基因错误的形成中发挥重要作用，那些基因错误是加速衰老过程和引发某些癌症的罪魁祸首。生物进化过程本身也被认为是基因错误导致的。

量子物理学中还有着丰富的、非常形象化的隐喻，因此很适用于日常生活。像海森堡的测不准原理早就进入社会学家和心理学家们的语言词汇中；"量子跃迁"这样的字眼也已成为讨论"急速变化"事件的常用语；更有趣的是，在芝加哥，有人还看到过摩托车修理工穿着印有"量子机械师"字样的T恤衫；在伦敦，还有一家名为"量子合伙人"的广告公司。

在本书中，我将利用量子物理学的许多方法，帮助大家重新理解我们在生活中所体验到的方方面面。本书的愿望是：提供一个新隐喻方法（或者叫作新世界观），使我们能听懂量子物理学为我们讲述的有关物质世界与人类世界的故事。当我们讨论为什么新物理学是新的，以及如何通过意识的新物理学，将其应用于人的哲学和人际关系的心理学时，这种新世界观的特征将变得清晰起来。

在某些重要的方面，本书的主题直接触及了量子理论本身的核心哲学问题的核心，这个主题就是：如何将量子物理学与我们日常生活的经验联系起来。因为迄今为止，在量子物理学发展的短短几十年历史中，量子物理学家们发现自己仍然无法解释眼前的世界——桌子和椅子、岩石和树木等组成的世界，更别说他们的科学研究如何与这些世界相关联了。

虽然量子理论是我们有史以来最成功的物理理论，可以准确地预测实验结果，精度达到小数点后数位，但是它既解释不了它的预测，也解释不了它预测的结果。这就意味着，没有人能够从所有的方程式中看到现实的新面目，更不用说发现一个新世界观了；而这个新世界观能够让量子物理学的发现极大地激发人们的想象力。

在量子理论完成后的几十年的大部分时间里，量子物理学家的主流观点是，他们既不能也不应该谈论现实世界的事情，他们唯一"安全"的任务就是通过方程式来预测结果。

　　这种"反现实主义"观点被称为量子理论中的哥本哈根解释，丹麦物理学家尼尔斯·波尔（Niels Bohr）是哥本哈根物理学派的掌门人，也是此观点最有力的持有者。受量子的匪夷所思和模糊特性的影响，这种观点认为：没有物体能保持在确定的位置上，所有事物的存在都是一种可能性。这种观点使得量子理论学家与他们的哲学追随者们进行了一系列荒谬的讨论，比如否认在亚原子层面有任何实体存在，甚至认为在某种情况下根本就不存在任何实体。

　　如果根本不存在实体，那么围绕在我们周围的世界是什么呢？比如，结实的椅子和我们每一个人的存在，以及我们的身体可以坐在椅子上；我的儿子踢球时，球会滚动到我们的或者邻居的花园里。这些难道是可以否定的真实的实体存在吗？由此可见，如果要让量子理论真正发挥作用，我们需要切换牛顿物理学思维，切换核心哲学里的整个牛顿世界观。切换的方式就是通过与真实世界中的实体进行尽可能多的对话。

　　本书的中心论点是：有自觉意识的人类是日常世界和量子物理学世界之间的天然桥梁，仔细探究人的意识在事物发展进程中的本质和作用，就能深入理解生活中的哲学，进而对量子理论有更全面的理解。

　　意识的存在始终是个问题。它是什么，它为什么会在这个世界上，它怎么会是这样的？这些问题的答案对我们了解生命是很有必要的，哪怕生命只是像阿米巴虫那样的最初级的形态。从广义上讲，我们需要这些答案来阐明生命的意义和目的，阐明我们的文化产生的原因，以及人类在宇宙中的位置。有了这些答案，我们会更好地理解宇宙本身。

　　在本书中，我将非常认真地考虑这样一种可能性：出现在量子事件中的意识，就像物质一样，两者虽然完全不同，但在量子现实中有一个共同的"母亲"。如果存在这种可能性，我们就可以用电子和光子的运动规律与行为模式来解释或者对照我们的思维模式，我们与自己、与他人乃至与整个世界的关系。

如果我们的思维和逻辑领悟能力的确是从自然中获得了它的规律，那么我们对这些规律的认知就必然在某种程度上反映了自然的本来面目。所以，我们在了解自己的过程中，也就能够了解大自然。

如果存在这种可能性，那么正如米歇尔·塞雷斯所说，我们可以从中得出一些观点，它们类似于古希腊人的观点：人在世界中，同时也是世界的；人在物质中，同时也是物质的；人对自然来说不是陌生人，而是一个朋友，是大家庭中地位平等的一员……古希腊人生活在和谐的宇宙中。在那里，物的科学和人的科学完全一致。

我相信，我们在量子物理学中已经有了一定的物理学基础，可以把科学和心理学都建立在这个基础上；通过物理学和心理学的结合，我们就可以生活在一个和谐的宇宙中；在这个宇宙中，我们和我们的文化都是事物发展进程中具有深远意义的一部分。

第2章
新物理学新在哪里

20世纪初，研究微观世界结构和运动规律的量子物理学彻底颠覆了牛顿经典物理学的概念。微观世界中的物质又叫量子，既有波动特性又有粒子特性；它们的运动方式是不连续的跳跃的方式；它们之间的联系与时间和空间都不相关，因为两个处于纠缠态的量子之间即使存在着星际距离，它们也可以在瞬间发生相互作用，它们之间发生的任何事件都不存在因果关系。

新物理学不同于经典物理学的根本区别是物质的存在以多种形式表现出来，具有不确定性。

爱因斯坦曾说，量子理论使他想到了"与不连贯思维混合的狂想、幻觉的超智慧系统"。对于量子物理学，我们通常用到的形容词是：荒谬、古怪、毛骨悚然、不可思议等，以至于很难找到贴切的词语来描述该领域的发现。

新物理学如此之新，对于其中的很多新概念，就连量子物理学家们都还未能完全理解，只得依靠不太严苛的数学语言来"避难"。然而，现代科学真正面临的文化挑战，就是为新物理学打造新的概念架构。

旧的理性思维难以被取代。牛顿关于空间、时间、物质以及因果关系的学说根深蒂固地影响着我们对整个现实的看法，使我们在思考生活的各个方面时如同戴着有色眼镜，以至于看不清世界的本质。

比如，当我们开车从一个地点到达另一个地点时，从某种程度上讲，我们知道两个地点之间是有距离的，我们知道从一点走到另一点是需要花费一定时间的。我们在开车门和关车门时，能感觉到手与门是同时存在的，并且知道手和门之间存在着一定的因果关系。

可是，如果有人说两个独立的物体之间不存在空间距离，即在两个物体之间根本不存在我们所能理解的任何物质，因此也根本不存在"分离"这个概念，那么对于分离的事物，我们该怎么理解呢？如果禁止使用关于"时间"的所有用语，也绝对不许用"一件事的发生导致了另一件事的发生"这样的描述来解释事物的前因后果，那么我们又该如何描述事物之间的各种相互关系呢？

像这样的问题在第一次被提出时的确令人不知所措，于是，人们总是以某种熟悉的方式来处理这类问题。即使是量子物理学家们，在他们努力弄清楚量子方程式的含义时，也会不由自主地试图把新的量子概念纳入牛顿的经典物理学范畴。结果，他们的工作在外行人看来非常不可思议。迄今，没有人能说清楚量子物理学到底是什么。

在本书中，我将试着用普通的日常用语来表述量子理论学的概念，但我希望不会落入惯常的陷阱，即试图把方形的螺钉拧进圆形的螺母里。在我们审视新物理学中的"存在""运动"和"关系"这些基本概念时，新物理学的全新之处将会立即显现出来。随着后面章节的展开，我希望我们接受和理解这些新奇概念的能力以及把它们用于我们生活经验的能力也会不断增强。

存在

量子物理学对物质的本质或者说存在（being）本身最重要的影响就是，它非常完整地描述了物质的波粒二象性——所有处于亚原子层级上的物质，其特性既可以被描述成像许多微小碰碰球那样的固体颗粒，也可以被描述成像海面上起伏的波浪。此外，量子物理学还说，这两种描述各自又都是不准确的，在你试图理解事物的本质时，必须从波动特性和粒子特性这两个方面去理解，这就是最基本的二象性。量子"素材"的本质既是粒子又是波，并且这两种本质的特性是同时存在的。

这种两面神①似的量子特性被归纳为量子理论的一个最基本的原理——互补性原理。它指出，把存在描述为波的形式是对把存在描述为粒子的形式的补充；

①希腊神话中的一位神，具有两张面孔。——译者注

反之亦然，二者必须同时出现才能对存在做出完整的描述。就像大脑的左右半球一样，其中一半所拥有的功能是对另一半功能的补充。在任何特定时刻，基本存在（elementary being）显现出哪种本质特性，取决于总体条件（稍后我们将会看到），其中最关键的条件是：有没有人在观察，或者在什么时间观察，观察什么内容！威廉·布拉格爵士（Sir William Bragg）说："基本粒子似乎在周一、周三和周五表现出波动特性，而在周二、周四和周六却表现出粒子特性。"

这样的二象性及其表现出来的物质的某种虚幻特性，与牛顿或经典物理学中描述日常物质特性的概念相去甚远。

牛顿物理学是建立在我们熟悉的宏观物体概念之上的，它认为，最基本的无法再分解的存在是由微小的、离散的粒子——即原子组成，原子之间相互碰撞、相互吸引或相互排斥。原子一方面表现出固态特性，彼此分离，在空间和时间上各自占据着确定的位置；另一方面又表现出像光波一样的波动特性。原子的波动特性被认为是由某些隐形"果冻"（以太）的振动所产生的，但它并不属于原子自身的基本特性。尽管在牛顿物理学中既包含了波动的概念也包含了粒子的概念，但粒子被认为是组成物质的更基本的单元。

然而量子物理学认为，波动性与粒子性都是最基本的特性。每种特性都是物质形态的外在表现，二者共同构成了物质本身。因为这两种"表现"各自都是不完整的，所以现实的完整特性必须由二者同时完成。但是，事实已经证明，我们不可能同时观察到现实的这两种形态。这就是海森堡测不准原理（或者叫不确定性原理）的核心，测不准原理同互补性原理一样，也是量子理论中最基本的原理之一。

根据测不准原理，我们不可能同时描述存在的波动特性和粒子特性。虽然两者是全面理解存在的必要条件，但在任何给定时刻，只能有一种特性显现出来。比如，当电子表现出粒子特性时，我们可以精确地测量出它的位置，或者当它表现出波动特性时，我们也可以精确地测量出它的动量（它的速度），但我们无论如何也做不到同时把这两个特性精确地测量出来。

这种电子测量的两难问题与精神动力学中的首次问诊情况有点类似：在理想状态下，精神病学家希望在了解病人真实病史的情况下还能同时与他建立某种亲密关系。问题是，如果精神病学家用提问的方式来询问病人的病史，虽然能得到他想要的答案，但不能直观地了解病人平时的真实表现。如果精神病学家采取不问只听的问诊方式，他会对病人的病情有直观的了解，获得好的"感觉"，但在问诊结束后，对病人的病史却一无所知。这就是：收集信息与获得好的感觉似乎不能同时进行，尽管要想全面了解病人的真实病情，就必须获取这两方面的信息，但是二者不能同时被获取。

同样地，大多数电子和亚原子表现出来的特性既不完全是粒子的，也不完全是波动的，而是二者的混合体，是被称作"波包"的一种存在，在这种波包中蕴含着波粒二象性和量子的神秘特性。虽然我们可以分别精确地测量波动特性或粒子特性，但当我们希望能精确地测量波粒二象性这个特性时，它们却总是躲着我们。对于任何给定的波包，我们所能得到的测量结果只是位置和动量的不精确的模糊数值。

这种本质上的模糊性就是测不准原理所说的不确定性，它取代了牛顿学说中的决定论。决定论认为物理现实是确定的、可以被决定的和可以被测量的。然而测不准原理所说的"不确定性"却像是一大锅存在的"粥"。在这锅粥里，任何东西都是不确定的或者是不能完全被测量的；在这锅粥里，一切都保持着不确定性，非常诡异，令人无法理解。

正如我们永远无法完全理解另一个人，也无法真正认清他的本质一样，我们也不可能完全认识一个基本粒子，仿佛注定了我们对基本粒子的特性只能雾里看花。在量子力学中，这种量子不确定性的全部本质直接触及了哲学问题的核心——现实的本质到底是什么。

以尼尔斯·玻尔和海森堡为首的量子理论学家们认为，从本质上看，即使是最基本的现实也是无法确定的，即我们生活中不存在可以被认知的清晰的、确定的、可能的"某种东西"。所谓现实统统是可能性的问题。一个电子可能是一个粒子，也可能是一个波，它可能在这个轨道上，也可能在那个轨道上——任何情况都可能发生。我们只能根据任何特定实验环境下的总约束条件，来预测最可能发生的事情。

现在我们知道了，在基本现实的本质特性中包含着诸多的可能性。根据这一观点，我们接下来就要面对量子理论中尚无答案的核心问题：世界上的所有物体究竟是怎样变成现在这个样子的，或者是怎样成为确定物体的？这个问题所面对的困境与牛顿时钟宇宙观所面对的困境恰好相反，但是牛顿时钟宇宙观已经不再有新的发展空间了。我们在阅读了牛顿理论之后会问：这件事是怎么发生的？但当我们聆听了玻尔－海森堡的量子力学解释后，这个宏大的问题就变为：怎么可能存在这样的事情？

然而，爱因斯坦对可能性这个问题很不以为然，以他为首的另一派量子理论学家认为，任何这种完全不能确定的、只存在可能性的现实都是不可思议的，是超出想象的。爱因斯坦坚称：上帝不掷骰子。

爱因斯坦派辩称，量子力学认为"本质特征的不确定性"其实并不是现实本身的特性，而是量子理论本身不完备；或者说，是因为我们还做不到在不干扰自然的情况下研究自然。他们指出，量子理论解释不了为什么"现实中的物体会确实存在"，并坚持认为，现实世界就是我们能够想象出来的固定的和能被确定的一切东西，只是我们目前的测量过程或我们采用的数学公式，还不能使我们正确地描述现实世界。

虽然我同意爱因斯坦的观点——目前的量子物理学还不能充分地描述我们所看到的现实的物质世界，但我个人倾向于玻尔－海森堡的不确定性观点。我支持这样的观点，即现实本身的基础是建立在一个非固定的、不能确定的可能性（概率）谜团之中的。我在下面的章节中，即讨论意识的本质及其与量子力学关系的章节中会说明支持这一观点的理由。或许打开基本现实本质之门的钥匙就在我们自己的思维功能中。

就目前而言，量子的不确定性恰恰为我们提供了理解现实的强有力的隐喻方法。测不准原理和互补性原理（即波粒二象性）使我们能够选择不同的方式来观察一个系统。比如，波可以被看作海面上汹涌的巨浪，也可以被看作许多单个的被搅动起来的水的"微粒"（分子）。一个国家可以被看作一个活的实体，有自己的特色、民族精神和历史，也可以被分解成诸多独具特色的城市、建筑物和人民。

如果进一步分解，我们还可以想到建筑物里的砖块、人身上的细胞，甚至是组成每种物质的分子或原子。我们采用不同的方式来观察事物，有可能把事物看得更清楚，我们能说哪种方式是更根本的？哪个或什么是更"实际的"存在吗？

量子场论把我们带到牛顿死寂的宇宙之外，并为我们描绘了一幅有关动态变迁、栩栩如生的画面，这个动态变迁就发生在不确定的存在的中心。在那里，即使是那些明显以个体存在形式显现出来的粒子特性，也只是昙花一现。

在足够高的能量下，粒子可以从纯能量（波）的背景中诞生，非常短暂地停留一段时间，然后再分解成其他粒子，或重返其背景中的能量海洋——就像在简易威尔逊云雾室中看到的寿命短暂的蒸汽（粒子）径迹，我们不知道它来自何方，它在薄雾中穿越极小空间后，随即消失。有一些瞬态的个体粒子，它们的性能，即它们的质量、电荷和自旋是守恒的，但是粒子的数量和类型不是守恒的。就像一个国家人口的兴衰，或者一个城市或建筑物的兴建和破败一样，这种守恒性质保证了整个系统的总体平衡。

在现实的量子层级上，这种个体亚原子粒子的诞生与分解或者开始与结束的行为，对我们如何看待个体人格的本质与作用或个体自我的生存，产生了深刻的影响。

运动

在经典物理学中，运动似乎是一个再简单不过的概念，因为我们在日常生活中对事物运动的方式早已非常熟悉。一个物体，比如一个球，在 A 点与 B 点之间做连续运动，需要一定的时间。而且，球的运动是由人的抛球动作引发的。因此，球在空间和时间上产生顺畅的位置移动是因果关系的结果。在这个世界上，谁都知道这就是事件发生的基本方式。

然而，在现实的量子层面上，贯穿时空的连续运动概念却被彻底打破了。正如牛津大学一位物理学家所说，量子物理学是"包裹"和"跳跃"的物理学。

"包裹"一词出现在量子理论的早期，当时马克斯·普朗克（Max Planck）证明了所有能量都是以单个的小包裹形式（称作"量子"）辐射出来的，而不是像在连续光谱中流动着的能量流；几年后，当尼尔斯·玻尔证明电子在不连续的"量子跳跃"，即量子跃迁中从一种能量状态跳到另一种能量状态时，"跃迁"一词也诞生了。电子能够跳跃的距离大小取决于电子能够吸收或释放的量子能量的大小。

虽然玻尔原子的概念有点过时，但我们仍然可以把它用来描述量子跃迁效应。最初的玻尔原子被看作一个微小的太阳系，在太阳系中心有一个相对较大的原子核，各类电子在各自的轨道上围绕原子核旋转，每个轨道代表一个电子可以占据的特定的能量状态。事实证明，电子何时从一个轨道跳跃到另一个轨道上，或者它会跳多远，并没有一定的规则或理由。能确定的预测结果是，电子走路的方式将是跳上跳下的，它穿行的"距离"（能量差）可以通过对整数量子的计数进行测量。

将运动重新描述为一连串跳跃，是量子理论中最根本的概念变化之一。这就像把真实生活中平稳流畅的场景替换成时断时续、有些损坏了的电影画面一样。事实上，这个理论告诉我们，所有的运动，即使是我们认为平滑和连续的运动，都是像电影一样，由一帧一帧的画面构成，只是播放时看起来是连续的。放映机在播放一部电影时偶尔可能会跳过几帧画面，同样亚原子粒子也会向前跳过"几帧"，略掉一些使影片看起来更接近真实场景（分辨率更高）的中间图像。有关亚原子粒子的运动过程与心理过程以及文化过程的相似之处多到数不胜数。

在前面关于"存在"的讨论中，我们知道了，海森堡在试图跟踪和描述亚原子粒子沿着不连续轨迹运动时产生了他的测不准原理。在这个领域里，现实似乎不是由我们能够了解的任何确定的现实构成，而是由我们或许了解的各种现实的可能性构成。当你越想仔细观察粒子的运动时，它就越神出鬼没。飘忽不定是量子运动突现的主要问题之一；另一个问题则是所有那些丢失了的可能性（没有成为现实的可能性），它们的命运走向何方了？

在我们通常经验的日常生活层面上，如果现实确实是由身体、桌子和椅子等真实的事物构成的，那么在量子层面上则不存在这样的真实"事物"，存在的只是无数真实事物的种种可能性，而所有这些可能性会变成什么事物呢？在什么阶段、是什么原因，自然界中诸多可能性中的一种会在真实"事物"的世界中被确定下来，并且在实现这一最终状态的过程中，所有丢失了的可能性会扮演什么角色呢？我们在稍后讨论意识的性质和作用时，再来回答这些问题，我相信这些问题会激发起大家更多的兴趣。

对于现实"为什么"是这样的，目前还没有一个好的答案——我们会有很好的理由在后面理解这个问题，但是我们更好地了解到可能性在修正甚至是创造现实方面所起的某种惊人的作用。我们在电子跃迁的过程中可以明显地看到这种作用。

一个电子在原子中从一种能态跃迁到另一种能态，完全是它随机和自发的行为。在没有事先预告的情况下，当然也没有"原因"的情况下，突然之间，一个先前"安静"的原子就可能在它的电子能级壳层中进入混乱状态。这种情况在很大程度上是偶然发生的。电子能够从高能态跃迁到低能态，或者以相同的概率从低能态跃迁到高能态。也就是说，在量子层面上存在着时间的可逆性：事件可以在往返的任意方向上发生。

在被扰动的原子中，没有发生通常的一系列因果事件，即由一件事引发另一件事。事件恰好是"该发生时就发生了"，就像一首诗里松散联系的意境，诗句没有必需的顺序，只是一句接着一句。更糟糕的是，这还给我们带来了"丢失了的可能性"的问题，这些可能性在各个方向上同时发生了。

当一个电子以可能性（概率波）的形式，打算从一个轨道移动至另一个轨道时，最初它的行为就好像"它被播撒在了一大片空间中"，不可思议地出现在许多轨道上，显示出它无所不在的样子。它似乎在为自己未来能安居乐业而伸出了很多临时的"触须"，这些临时的触须会同时探寻所有可能的新轨道，以便寻找它最终的栖身之地；就像我们尝试一个新想法那样，可以通过想象出的很多不同场景来描述新想法的许多可能的结果。

在量子理论中，这些临时的"触须"被称为"虚拟跃迁"，而电子最终进入一个新的永久的家，这个家则被称为"真实跃迁"。然而，正如量子物理学家戴维·玻姆所告诫的，我们不应该被"虚拟"和"真实"这两个术语所误导。

永恒的（即能量守恒）跃迁有时被称为真实跃迁，以区别于所谓的虚拟跃迁，因为虚拟跃迁是能量不守恒的，所以开始跃迁后不久又要倒逆回来再重新跃迁。"虚拟跃迁"这个术语是不恰当的，因为它暗示着这个跃迁没有实际效果。事实正好相反，虚拟跃迁往往是最重要的，因为有许多物理过程就是这些所谓虚拟跃迁的结果。

我们可以这样描述虚拟跃迁：有一个久居深闺的年轻女孩，她的生活一直平静如水。直到某一天，她离开家进入社会。当面对众多追求者时，她变得异常兴奋。因为一个充满各种可能性的新世界向她敞开了大门，她自然想要实现自己最大的潜在的可能性，即与她的理想伴侣幸福结合。如果是在真实的世界里（即我们日常生活中的现实世界），她就必须一个接一个地探索这些可能性，要和每一位追求者约会数次，最终确定对方是不是自己的理想伴侣。但是在量子世界中，这个晕头转向的女孩必须同时与所有的追求者约会，甚至可能与每一位追求者在同一时刻单独生活。如果她的父母因为她的行为而感到羞耻，想写信教育或者斥责她的这种恣意妄为的行为，那他们会发现根本无法确定她的准确位置。唯一的办法就是给她所有的新居地址发送内容相同的信，因为在所有地址都能找到她。如果女孩的所有新居彼此靠得足够近①，她甚至可以站在这些爱巢的阳台前，同时向着所有新居中的自己招手！

在充分探索了全部的可能性之后，女孩最终会安定下来，与其中一个追求者结婚，并住在一所房子里，但在她曾经暂住过的各个街区里都会留下她的"痕迹"。邻居们或许还能记得曾经见过她，他们会不时地询问她现在怎样了。如果依照自然规律发展，女孩与诸位求婚者在发生了许多临时的暧昧关系后，就可能会留下许多子女，而这些子女长大后又会去影响世界（……因为许多物理过程就是这些所谓虚拟跃迁的结果）。

虽然量子女孩这个例子看起来有些牵强，但对量子理论来说，它做出了一种重要的解释。这个解释严谨地指出，实际上，每当一个不确定的物理过程在决定以何种方式让自己确定下来时，这种实际的多重选择情况就会发生。这被称作"多世界理论"。这个理论认为：世界有无穷多个，在每个世界中都可以找到自己的一个版本，每个版本都不相同，每个版本都追求并发展了另一些可能的事件链。根据这种观点，所谓丢失了的可能性是不存在的——我们可以拥有全部可能性。

---

① 事实上，对于量子理论来说，这些房子之间的距离可以是任意的，因为电子的虚拟跃迁在无穷远处相干。

尽管多世界理论很诱人，但我不打算对它做进一步的解释。然而，我们有理由偶尔参照一下心理过程和量子虚跃迁作用之间的许多类比。

例如，在自然界中，戴维·玻姆已经指出："在许多方面，虚拟跃迁的概念类似于生物学中进化的概念，即所有种类的物种都可能由于基因突变而出现，但只有特定的物种，即那些能适应特定生存环境的物种，才能无限久地生存下来。"

基因突变产生的许多物种可以被看作自然界正在探索的各种可能性（虚拟状态），这些探索成为展现自然界潜在可能性的新途径。正如玻姆所说，无法实现的可能性最终会消失，但它们往往会先留下一些痕迹，这些痕迹会成为生命结构的一部分。例如，两种不能独立存活的基因突变，可能杂交形成第三种能够长期生存的物种（产生了一个真实跃迁）。我们人类很可能是两种"虚拟物种"杂交的结果，是一些仅被称为"缺少的环节"[①]的神秘生命形式的成功的二次突变。

关系

量子物理学有望改变我们对关系的定义。也许这才是最重要的。存在是一种不确定的具有波粒二象性的概念，运动是一种建立在虚拟跃迁基础上的概念，这两种概念预示着我们对事物之间存在的关系的认知将发生一场革命。曾经被认为在时间和空间上是分离的事物和事件，在量子理论学家看来却是如此完整地联系在一起，以至于它们之间关系的紧密程度简直就是对时间和空间现实的嘲弄。事物和事件只是某个更大整体在多个方面的表现，这里某个更大的整体又赋予它们个体的存在以定义和意义。

新量子力学的关系概念是由波粒二象性概念导致的直接结果，也是由"物质波"（或"概率波"）的行为——似乎要在整个时间和空间中刷满存在感的嗜

---

① 从猿到人的突变过程被称作"缺少的环节"。——译者注

好——导致的直接结果。想象一下，假如所有可能的"事物"都朝着各个方向无限地延伸下去，那么这些事物之间的距离到底有多远，或者它们之间还会存在分离状态吗？一切事物、所有瞬间，在每一个点上都是相互连接着的，它们奉行着保持整个系统的单一完整性的最高原则。因此，曾经被认为是神出鬼没的"超距作用"（一个物体可以瞬间影响另一个物体，尽管没有发生明显的力或能量的交换），对于量子物理学家们来说，却是日常要面对的一个事实。这个事实与我们理解的时间和空间的整体概念格格不入，因此超距作用的概念仍然是来自量子理论的最大的概念挑战之一。

想象这样一个场景：一辆位于远处的卡车突然发生了瞬时移动，或者用专业术语说，是产生了非局域性效应（即在一个局域内无任何原因而使某事物受影响的原理），这种事情显然具有神秘色彩。事实上，它直接违背了常识，也违背了经典物理学。这两者都是基于直觉原则，即现实在某种程度上是由基本的、不可分解的东西组成的。这些东西本质上是独立的，如果在某一个部分看到某种作用的结果，那么在另一个部分必定能够找到使其作用的原因。此外，相对论认为，任何原因（比如一个信号）都不可能以超越光速的速度对其他事物产生影响。所以，根据经典理论和相对论，瞬时作用是不可能发生的。非局域性的全部问题是如此令人难以理解，以至于在量子理论的早期竟然没有人将它拿到桌面上来，直到最近几年，物理学家们才试图接受它。

量子理论的方程式已经预言了瞬时非局域性的必然性，而这恰恰是爱因斯坦首先证明出来的。他始终认为，瞬时非局域性是绝对不可能存在的，而且他始终不认同量子物理学中蕴含的更广泛的形而上学内容。他证明非局域性的目的，就是要清楚地说明量子理论是"不完备的和错误的"，并且这一证明有力地支撑了他的这一观点，使这一观点得到认可。在著名的物理学悖论之一，即爱因斯坦、波多尔斯基、罗森悖论或 E.P.R. 悖论中，他认为自己一劳永逸地证明了这样的概念：如果存在非局域性，就必然会产生一种矛盾的结果。

我们可以通过想象一对假设的同卵双胞胎的命运来理解 E.P.R. 悖论的主旨[①]，这对双胞胎在英国伦敦出生，但出生后就分开了。假设哥哥还住在英国伦敦，弟弟去了美国加利福尼亚州。多年来，这对双胞胎之间没有任何联系，事实上他们对彼此的存在一无所知。从常识的角度来看，这对双胞胎的生活应该是完全不同的。然而，尽管他们彼此分离，没有交流，但一位研究双胞胎的心理学家却发现，他们的生活方式有着惊人的相关性。两个人都取了"巴杰"的绰号，两个人都是县检察官办公室的律师，两个人几乎都只穿棕色的衣服，两个人都在 24 岁时娶了名叫珍妮的金发女郎。这一切该怎么解释？

双胞胎之间存在着某种感应，这个观点能够被量子物理学家们接受。他们可以说在他们的方程式中能够预测出这个结果，并且对于双胞胎之间的所有感应都能找到合理的解释，因为双胞胎的个体正是某个更大整体在某些方面的展现。爱因斯坦认为这个解释还不够。在他的隐变量理论中，他认为（还用双胞胎隐喻[②]）必定有一些共同的因素，比如他们共有的遗传物质，预先决定了他们生活方式的相似性。一位名叫约翰·贝尔（John Bell）的物理学家站出来给他们的争论做了了断，贝尔的定理引发了一个最终的实验。

根据贝尔定理，我们对一对双胞胎中的一位进行干预，看看在另一位身上会发生什么事情。于是我们会在某个时刻把住在英国伦敦的哥哥踢倒。如果住在美国加利福尼亚州的弟弟也发生了类似事故，那么拥有共同遗传物质的说法可以解释这个结果并且不会产生争议。我们可以做出如下推理：如果住在伦敦的哥哥被踢倒时，住在加利福尼亚州的弟弟仍然站着，则证明量子理论是错误的，爱因斯坦理论是正确的；但如果弟弟也随着哥哥的跌倒而跌倒了，则证明爱因斯坦理论

[①] 真正的 E.P.R. 悖论（佯谬）涉及爱因斯坦、波多尔斯基和罗森提出的一个思维实验。在这个实验中，物理学家可能试图测量两个质子从一个共同的源向相反的方向飞离时的位置和动量。戴维·玻姆后来修正了这一观点，建议物理学家测量两个质子的自旋，他的建议成为 20 世纪 70 年代用光子或光的"粒子"进行实际相关实验的基础。

[②] 这是实验的基础。这对双胞胎的例子是我自己的，不是爱因斯坦的。

是错误的，量子理论是正确的。然而事实恰好站在了量子理论这一边，当哥哥被踢倒时，弟弟在同一时刻也跌倒了，并摔断了腿，尽管没有人踢他。这表明他们生活的方方面面都是不可分割的。

在亚原子层面上，这种关联性实验已经在相关光子对上进行了多次，对光子的"生活方式"起约束作用的非局域性影响已经被多次证明是存在的。不管光子对在空间中分开的距离有多远——可能是几厘米，也可能是整个宇宙，它们的行为模式都是如此诡异地联系在一起，似乎在它们之间不存在空间。在时间上，这种诡异的超越时间的关联效应也被类似的实验所证明，即在不同时间里发生的两件事，它们之间产生的相互影响看起来却像是发生在同一时间里。实际上，它们像是设法跨越了时间而跳起了同步舞蹈，这一切完全超出了我们常识性的想象。

例如，想象这样一个场景：有两个船夫在一条河上摆渡货物。船夫 A 用一条船运送货物，船夫 B 用另一条船运送货物。在运输旺季，两名船夫同时工作；在运输淡季，他们会轮班工作。船夫 A 上午工作，船夫 B 下午工作。在旺季，船夫们同时工作时会随机选择船只。在淡季轮班工作时，他们仍然随机选择船只，但有一个选择的约束条件：船夫 A 上午工作时，他可以随机选择一条船，而当船夫 B 下午换班时，他则必须选择另一条船（尽管他并不知道船夫 A 使用的是哪一条船）。因此，尽管这两名船夫在同一天的不同时间段里工作，但他们似乎能保证让两条船在同一天里都被使用，也证明自己在当天干活了。他们各自的行为已经超越了时间而被关联在一起，而且他们总是被关联在一起。

按照这样的思路进行的光子实验已经证明，这种相关性总是完全对称的，如下说法是没有意义的，即船夫 A 的选择基于预期船夫 B 会选择另一条船；或者船夫 B 有特异功能，能预知船夫 A 的选择。可以这样讲，相关性表明了两个事件能够跨越时间而相互联系起来，并能始终保持"步调一致"，它们之间不存在因果关系，任何试图在它们之间建立因果关系的尝试都是徒劳的。这种同步行为是所有量子力学的关系的基础，它也为前苏格拉底时期的希腊关于"存在的单一完整性"的概念提供了一个非常现代化的支持。

在明显分离的物体或事件之间存在相关的非局域影响的程度，取决于系统处于"粒子"或"波动"状态的程度。粒子的行为更像独立的个体，它们的相关性更小；波的行为则表现出更大的类似群体相关的行为模式。我将在后面讨论人格同一性和疏离感的根源时再回到这个问题上。

在量子层级上存在着非局域相关性，这个发现已经撼动了物理学的世界，也是量子物理学家们迄今无法解释他们的理论含义的主要原因之一。在本书中，我将把量子非局域性与我们日常生活和关系中的经验进行类比。但在第 6 章中，我将详细讨论意识的本质。在显然是"分离"的主体之间存在着非局域相关性。在我们把意识作为量子力学现象来进行讨论时，非局域相关性概念是至关重要的。在这一点上，重要的是要问："以非局域性为基础的新关系概念是否为我们提供了一把钥匙，使我们能够打开一扇全新的认识自己的大门？"

第3章
意识与猫

由"薛定谔的猫"引出了人类意识在物理现实中是否产生了作用的概念，并且在某种程度上使意识成为物理学自身的一个问题。人们用双缝实验过程论证量子行为的不可捉摸性，将其同意识的不可捉摸性做类比，提出了建立人类大脑意识的量子物理模型思想。

在实验室实验中，我们的意识参与其中并唤起了许多可能的量子现实的一个特定状态，并使这个特定方面得以实现。

总之，由薛定谔的猫引出了意识与物质在物理学上存在关联的论题。

我们在这七年的光阴里

安静是主题

它使我们成功地躲开纷扰

活着的也是部分活着的

托马斯·斯特尔那斯·艾略特（T. S. Eliot）[1]

只要读过任何一本关于量子力学畅销书的人都会遇见薛定谔的猫。就像艾略特诗剧中女人们所唱的："活着的也是部分活着的。"可怜的猫遭受着一场特殊的量子身份危机，它被无限期地悬置在一种难以理解的状态之中，既不是活着的也不是死了的。它的不幸遭遇引发的猜测和争议，几乎超过了新物理学提出的任何其他问题，尤其是因为它提出了下面的问题：人类意识及其在物理现实形成中可能发生的作用是什么？从各个方面来说，这是本书后面要展开的许多主题的真正起点。

第 2 章已经清楚地介绍了量子物理学所面临的核心难题，并不是"这件事是怎么发生的"，而是"怎么可能存在这样的事情"。如果像主流量子理论学家们认为的那样，现实在本质上只是拥有许多可能性的一锅不确定的粥，是一股混合

---

① 摘自《大教堂里的谋杀案》。

的物质波的洪流，那么我们周围那些已经确定的固态物体又是怎么充斥在我们眼前的？在什么时点以及为什么，我们所熟悉的现实世界就变成真实的存在了？为了阐明这个问题及其相关悖论，量子理论学的创始人之一埃尔文·薛定谔（Erwin Schrödinger）将他的猫引入了这场论战。

薛定谔的猫被放在一个动物实验的笼子里，这种笼子的四壁是坚实的固体。这一点对于理解这个悖论的要点至关重要，我们必须等到故事结尾才能见到猫。

在这个密封的笼子里，薛定谔设计了一个骇人的实验。他在笼子里放了一点放射性物质，为了使问题简化，我们假设放射性物质有 50% 的概率向上发射衰变粒子，有 50% 的概率向下发射衰变粒子。如果衰变粒子向上发射，会击中粒子探测器，探测器触发一个开关，将致命的毒药放进猫的食盘，猫食用后会死去。同样，如果衰变粒子向下发射，就会触发另一个开关，投放食物，猫食用后就会活下来并进入下一个实验。

选择"上"，猫死了；选择"下"，猫活着。这样的选择结果是我们通常以为的选择结果。对于量子猫来说，事情没这么简单，实际上是相当不简单，因为根据主流量子理论的描述，猫既是活的，也是死的。它同时存在于两种状态的叠加态之中，就像电子在同一时刻既是波，也是粒子一样（见图 3–1）。

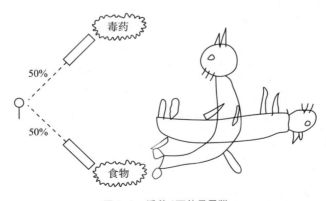

图 3–1 活着 / 死的量子猫

　　就像那个能与所有情人同时约会的量子女孩，薛定谔量子力学猫的存在是"分散"在整个空间和时间当中的。它可能活着的状态和可能死了的状态如同概率波一样"扇出"①，充满了整个笼子。我们能确定猫的状态最好的办法就是用薛定谔的波函数来描述它所有可能的状态；也就是说，用一个数学方程式列出猫的多种可能的状态。这有点儿像打桥牌，我们能够抽到的牌型有很多种，会根据手上的牌型出牌，抽到什么样的牌型是我们无法预知的。这个问题就是一个概率问题。

　　那么现在，波函数（"规则"）能告诉我们的是：猫吃了毒药后死去了（概率1），同时猫享用了一顿营养丰富的美食后还活着（概率2）。我们只有在波函数"坍缩"时，即波函数所描述的全部可能性突然凝聚成一个确定的现实时，才能进入故事的尾声——见到这只猫，然后你要么掩埋它，要么宠爱它。显然，函数的坍缩是在某个时刻发生的，因为根据故事的情节，在我们最终打开笼子时，看到的是一只死了的猫②，而不是既死了又活着的猫（见图3-2）。这到底是怎么回事呢？谁杀了薛定谔的猫？

图 3-2　猫死了

①像扇面一样展开，并传播开去。——译者注
②或者是活着；总之，它的命运已经被确定了。

这个问题不仅适用于量子力学猫，也适用于我们自己和我们周围所看到的一切事物，并且直接指向了"为什么会有现实"这个问题的核心，同时也说明了为什么猫的身份危机会引出一个悖论。之所以称为悖论，是因为一方面世界上到处都是非常普通的猫，它们不是死的就是活的；另一方面，占据了我们这个世纪最优秀的科学头脑的物理学却告诉我们，这是不可能的。由薛定谔方程式的数学理论得出，没有任何事物能够安排猫的命运，没有任何事物能够坍缩它的波函数，至少在物理上是不可能的。任何被放进猫笼子里的物体，比如用来监视猫是死是活的照相机，都会被无数可能性的金手指给点成一种可能性。这就是经典量子力学，这就是它的表现方式，对所有人来说它将成为一切。

所以，尽管我们有眼见为实的证据，但量子理论认为，猫是而且必须永远都是既死了又活着的状态。这个悖论已经被定性为"观测问题"，它无疑既挑战了我们对观测行为的常识认知，也突显了观测（和观测者）在塑造现实中起到的耐人寻味的作用。

当我们观察现实时，它就发生了

从量子理论诞生之日起，它就暗示，当我们观察一个量子系统时，会发生某些非常奇怪但却极为重要的事情。量子被观测后的现象与其被观测之前的现象是完全不同的，这就是薛定谔的猫这个故事的一个要点。在观察或测量的时刻，未观测时既为波又为粒子的电子变为波或者粒子；观测前，不可见的单个光子以某种神秘方式同时穿过了两条狭缝，在观测时刻却突然选择穿过其中一条狭缝，或另一条狭缝；还有那只状态不明的猫，在观测时刻也变成了我们能接受的状态。简而言之，当一个不确定的、有许多可能性的量子波函数被观测（或被记录）时，它就会坍缩成一个单一的确定的现实。在我们观察薛定谔的猫的那一刻，并不是仅仅发现了猫的死态，而恰恰是因为我们对猫的观察，使它以一种至今无人能理解的奇怪方式死去。所以，杀死猫的元凶就是观察本身。

这就是量子的真相：在观察（或测量）行为中，某种东西坍缩了量子波函数[①]，这一事实本身就蕴含着我们将在后面探讨的意义。但是因为这是一个没有任何解释的事实，实际上这是一个不应该被解释的事实，所以它留下了所有有趣的问题没有回答；可以理解的是，它引发了大量的量子推测，以及大量的量子困惑。

虽然我们很自然地想知道，为什么瞧一眼对于猫来说就能够致命，但是让我们自己在这种困惑中迷失则是毫无意义的。解决波函数的坍缩问题也已远远超出本章讨论的范围。为什么会发生这种情况，对这个问题哪怕是最一般的猜测也很容易与本书的整个主题相混淆，所以我觉得从一开始就远离这个问题是很有必要的。

我想说的是，意识的物理学是存在的，这个物理学告诉我们很多关于我们自己与物理现实之间的联系。然而，这一论点的基础与那些通常宣称是意识本身杀死了薛定谔的猫的论点截然不同。他们将意识作为一种有效的猫科动物根除剂来使用了，这是因为他们对意识本质的理解与我将要在后面给出的理解是完全不同的。

少数物理学家（以及大部分他们的推广者）提出，既然量子理论清楚地告诉我们，没有任何物质可以杀死猫，那么猫的死因肯定会有某种非物质的解释。于是另外一种解释从物理定律之外杀入这个问题的重围，把薛定谔、他的猫以及我们所有人从太多的可能性中拯救了出来。这个超自然的现实的化身不可能是观察者的测量仪器、观察者的眼睛或大脑，这些都是物理的，因此它们都被薛定谔方程式所覆盖。那么，杀死猫的一定是观察者自己，即观察者的无形的非物质的意识。

这一观点的提出者主要是量子物理学家约翰·阿奇博尔德·惠勒（John Archibald Wheeler）和尤金·维格纳（Eugene Wigner）。根据这一观点，在奇异的

---

① 更准确地说，观测至少是对量子系统有这种影响的事情之一。可能还有其他未知的事件会使波函数坍缩。

电子世界与日常现实之间那个重要的缺少的环节便是人类意识。颇具讽刺意味的是，这个结论与我自己的结论非常接近，但我得出这一结论的依据与他们的完全不同，而这种不同对本书后面要展开的内容来说是非常重要的。

说意识会坍缩波函数的人认为，意识在本质上是非物质的，这实际上是把他们自己和量子物理学都纳入了笛卡尔的旧观念中，即意识和物质是分开的实体。他们认为意识是物质世界以外的东西，因此是与物质世界不相容的东西。他们也为反现实主义的猜测敞开了大门，认为"现实都在头脑中"，认为任何世界都不可能存在，除非有人在注视着它。这让我们非常好奇最初的我们是如何来到这里的，是什么样的意识存在能在混沌初开时在这里坍缩第一个波函数？

我个人认为意识是量子世界和日常世界之间一条重要的纽带，其原因基于一个非常不同的出发点。因为要定义一个新的"量子自我"，就要以下面的论点为基础：量子物理学，尤其是意识的量子力学模型，要允许我们把自我（我们的心灵，如果你喜欢这样说）看作自然发展进程中的伙伴，我们"在物质中并且也属于物质"[1]。对于那些试图理解我们这些有意识的生物是如何与宇宙中的其他事物联系在一起的人来说，这种观点有着非常不同的含义。

如果让我猜测薛定谔的猫的死因，我的猜测将与物理学家们的一致，物理学家们认为现实本身并没有什么矛盾之处，有错的是量子理论，或者至少量子理论是不完备的。就目前来说，因为量子理论不能解释为什么观测本身会使波函数坍缩，所以它还不能应用于整个物理现实。他们认为，我们需要做更进一步的数学研究，甚至可能需要发现全新的物理原理[2]；只有这样，我们才能理解量子世界与我们自己的世界之间的转换关系。只要有了那样的数学或物理原理，所有的一切

---

① 稍后（第6章和第7章）我们会明白，这种关于意识的量子观并没有让我们陷入我们所熟悉的还原论的论点，即意识只不过是原子的排列。

② 原理可能与碰撞有关［波函数在与其他更大的物理系统（如测量仪器，甚至是观察者的大脑）相互作用时坍缩］，也可能与引力有关（波函数在变得足够重时坍缩）。

就都会被正确理解。就个人而言，我相信，为了观察者自己，也为了观察者的意识，我们需要，至少是部分地需要一个更好的物理学。

因此，当我将本书的论点与观察者的无实体意识杀死了猫的观点划清界限时，我表示不否认人类意识在物理现实的形成过程中发挥了创造性的作用。其实，在后面章节中展开的许多主题都是基于这一观点的，并且在日常现实中，证据几乎是显而易见的。每当一个有意识的人想要举起手臂时，他的意识就会对他的物理现实产生作用。伐木者或建筑师身上就会展现出更多这种效果。

意识对量子过程产生影响的能力远远不止这些。很明显，它触及了现实形成的核心问题，并对意识和现实的本质提出了诱人的问题。

现实如何发生取决于我们如何观察它

我们已经看到，对量子系统的观察行为使得量子系统变成了普通的事物。这就是我们干预自然从而改变了自然的事实。仅这一事实，就要求我们改变看待自己的方式，改变看待我们在自然界中所处位置的方式。但那些喜欢认为世界"本就如此"的人不知道，人类对自然的干预已经产生了意想不到更糟糕的后果。

观测在某种程度上坍缩了波函数，帮助我们在混沌中创造出了一个世界；而且事实证明，我们选择什么样的方式来观测量子现实，在一定程度上决定了我们将会看到什么样的观测结果。量子波函数中包含了许多可能性，想要得到哪种可能性取决于我们自己。

例如，一个光子既有位置的可能性（粒子特性），也有动量的可能性（波特性）。物理学家可以通过实验来测量，从而确定这两种可能性中的任何一种——尽管在测量其中一种可能性时会丢失另一种可能性（海森堡测不准原理）。他的干预——测量或观察似乎是以某种奇怪的方式影响了光子特性的展现。关于薛定谬的猫的思维实验还不够复杂，无法说明这一点，但是惠勒设想的另一个实验能生动地说明这一点①。

如果我们有一个光子从一个光源发射出来，并且这个光子可以任意选择是穿越屏幕上的一条狭缝还是穿越两条狭缝（根据量子力学理论，它可以选择同时穿过两条狭缝），那么物理学家设计的实验将得到以下结果：如果他在狭缝右侧放置两个粒子探测器（见图 3-3），他会发现光子的行为就像一个粒子：它沿着一条确定的路径穿过一条狭缝，撞击一个粒子探测器。

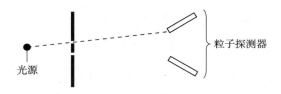

图 3-3　用粒子探测器观测光子，得到一个粒子

如果在两个狭缝和粒子探测器之间放置一个检测屏幕（见图 3-4），光子的行为则像一个波，它穿过两个狭缝，与自己相互干涉，并在检测屏幕上留下干涉图案。

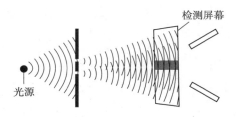

图 3-4　用"波探测器"（可以看到干涉条纹的屏幕）观测光子，得到一个波

————————

① 下面的描述是惠勒"延迟选择实验"的一个简化版本。

物理学家与光子共同参与了一场创造性对话，以某种方式将量子的许多可能性中的一种转化为日常确定的现实。因此，观测的方式在决定观测什么内容时确实发挥了某些作用。惠勒说："从某种奇怪的意义上讲，这是一个参与性的世界。"

超越粒子、超越力场、超越几何、超越时空本身，这是（所有存在的）终极组成部分，还是观察者－参与者更加超凡的行为呢？

为了揭示观察者－参与者的本质，诺贝尔奖得主伊利亚·普里戈金（Ilya Prigogine）用科学的语言表达了这样的观点，他说："无论我们称之为现实的是什么，它只有通过我们参与的积极构建才会向我们展示出来。"

在量子物理学中，一个事物的存在依赖于整体环境，这就是所谓的"情境主义"。它的含义是广泛的，无论是我们对现实的整体概念的理解，还是对自身作为现实中的伙伴的理解。量子理论在认识论、道德和心灵方面具有独特的维度，这是我主张量子理论最终要为一个新世界观做出贡献的主要原因。认识论的维度——我们知识的本质是什么？我们所说的真理是什么意思？这在法国哲学家梅洛·庞蒂（Merleau-Ponty）的现象学中被表达得非常到位，他称之为"情境中的真理"：

> 如果我始终作为一名绝对的旁观者，始终不放弃没有任何观点的常识，那么我就处在错误的源头。但是，一旦我认识到了，在我的情境中，那些与我紧密关联的所有活动和知识对我来说都是有意义的，那么在我的情境范围内，我与社会的接触便是全部真理（包括科学真理）向我揭示的起点，而且因为我们有一种真理观，因为我们处在真理中，且不能脱离真理，我所能做的就是在我的情境中界定真理。

在后面章节中，我会进一步讨论这个问题，其中包括"观察者－参与者"的道德与心灵维度的问题，但在这里我有必要对量子情境主义——情境中的真理，提出一个警告。

人类观察者以某种方式使他的观察对象成为现实，这个事实被误解或者产生误导，可能会对文化产生不利的影响。物理学会被充分用来支持目前流行的、在我看来非常有害的一种观念，即认为个体自我是价值的唯一创造者，也就是说，在这个世界上没有"真理"，只有个人的"视角"。

在一定程度上，某些已经出版的关于量子物理学的畅销书鼓励读者得出这样的结论。例如，看一下福瑞特季夫·卡普拉（Fritjof Capra）的认识论和道德含义——"观察者的头脑创造了电子所具有的属性"，这些属性在任何意义上都不能被认为是客观的。在原子物理学中，他说：

> 现代物理学在超越笛卡尔对心灵和物质的分割时，不仅使客观地描述自然的经典概念被否定，还挑战了科学与价值无关的神话……科学家们取得的科学成果以及所研究的技术应用都将取决于他们的心情。

主流量子理论本身就带有这种主观主义的危险（用海森堡的话说是，客观现实的概念就这样消失了……），但卡普拉通过引入"价值"和"心情"的概念，进一步推动了这种主观主义的发展。这种想法不仅是危险的，还是有害的物理学。

量子理论本身并没有表明观测或观察者"创造"出了现实（亚原子粒子的特性）。在观测的那一刻，是量子波函数和观察者（不论是人还是机器）之间的某些对话，使得该波函数内在的许多可能的现实中的一个现实拥有了具体的形式。但是可能出现的某种非常明确的现实早已存在，因为桌子的波函数不会坍缩成猫或袋鼠，它只能成为一张桌子。

此外，一旦波函数坍缩，它的现实就像其他科学研究一样的客观。任何两个（或更多）观察薛定谔的猫的人都会同意猫在客观上是死的，不会在一个人看来猫是死的，而在另一个人看来猫是活的。它的死亡不是任何人的"视点"的问题，当然也不是某个人的"价值判断"的问题。它只是简单地最终死了。

由薛定谔的猫的难题提出的一系列问题，包括人类观察者在现实形成过程中的作用和相关的客观性问题，只突出了这样一个事实：现阶段，我们还没有完全理解人类观察者及其意识的物理现象，所以无法得出任何有根据的结论。猫的问题显然要求我们重新思考我们对自己的许多先入为主的观念，可能还有对我们存在的目的的许多先入为主的观念，但为了迎接这一令人兴奋的挑战，我们必须直面意识的问题。

第4章
电子是有意识的吗

本章论证意识是否为人类独有的属性。宇宙中还有其他拥有意识的东西存在吗？

我们知道的是，电子是没有意识的。

薛定谔的猫的问题提出了一个难题，即有意识的观察者参与了现实的形成过程，并暗示这可能是物理学自身的问题。但这反过来又引发了更多的问题，这些问题影响着我们对生物学、心理学、哲学和宗教的看法——所有这些学科都是以理解人类及其在宇宙中的位置为目标的。当代物理学是我们关注的核心，而物理学中的意识问题是所有问题中最核心的一个。

观察者所看到的东西可以用量子力学方程式来描述，但是观察者自己却不能用方程式来描述。无论观察者是人类还是其他存在，我们没有任何关于观察者的方程式。观察者完全处于量子系统之外。这是不是颇有讽刺意味，目前出版的量子物理学在激励我们超越旧的观察者 / 观察二元论的同时，实际上在支持着二元论。所以，不管怎么说，量子物理学都是不完备的，并且会一直如此，直到它能够考虑到观察者（至少是人类）以及观察者在进行观察时的意识。

意识已成为一个物理学的问题，然而可能不只是限于人类的意识。我们在思考薛定谔的猫的难题时，为什么不能考虑一下猫的意识，它对自己的奇怪困境是什么感受？或者它的意识对它的困境产生了什么影响？或者它的困境对于藏在它耳朵里的跳蚤来说是什么感受？或者，再离谱一些，它的困境在决定它生死的放射性衰变粒子看来是怎样的？

一些比单独的人或人与物质的关系更广泛的问题可能面临危机。在新物理学中描述的基本现实所展示的行为，几乎要求我们重新评估意识的整个问题，不仅因为意识与我们自身有关，还可能与宇宙中其他生物和事物有关，甚至与物质的最基本组成部分有关，这一点我们将会在后文中看到。

随着 17 世纪现代科学的到来，我们人类的意识似乎除了自身外不再反映任何其他事物。无神论的笛卡尔哲学的二元论① 对生物和事物的意识视而不见，只给我们留下了粗糙的唯物主义。因为我们选择了 20 世纪常见的疏离感，所以我们感觉自己很独特：我们与周围的一切都不相同，因此我们也处在了无法逆转的孤独之中。有段时间，为了应对这种疏离感带来的特殊感觉，现代心理学家和哲学家——行为主义者、实证主义者和语言分析家甚至采用了当时的时髦做法，即否定疏离感存在的原因，完全否定意识的重要性以及整个主观思想和情感世界的相关性。

> 心理学似乎已经到了必须抛弃一切与意识有关的东西的时候了；当它不再自欺地认为它正在使精神状态成为观察对象时……心理学便像行为主义者认为的那样，成了自然科学的一个纯客观的、实验性的分支，与化学和物理科学一样不需要自省。

具有讽刺意味的是，这种想法现在对物理学来说已经过时了，对心理学来说不但过时了，而且极为有害。

笛卡尔世界观对于牛顿物理学的滋养和随后的技术进步都是必要的，但它在哲学和精神上都是贫瘠的。现代人的灵魂需要更多的东西，需要一种超越自我的、同伴式的情感，需要一种在宇宙中的归属感，我们的理性也要求我们更好地理解自己的经验。意识便是这些经验的一个真实存在，一个不能解释意识的哲学或科学必然是一种不完备的哲学或科学。对于正处于努力理解自己领域发展的量子物理学家们来说，这句话几乎成了老生常谈，只是还没有渗透到我们一般人的知识观念当中。

---

① 笛卡尔本人和牛顿一样是信仰基督教的，在他的时代，笛卡尔二元论不是解决心灵问题的。

那么，如果前量子现代科学都搞错了呢？如果人类不是独一无二的呢？如果我们在某种程度上与这个宇宙中其他事物和生物共享我们的意识——或许与宇宙自身共享我们的意识，如果我们考虑到现代生物学知识，或者认真听取哲学家阿尔弗雷德·诺斯·怀特海德（Alfred North Whitehead）和物理学家戴维·玻姆等人的建议：即使是初级亚原子粒子也可能具有基本的意识属性，那么这些问题就变得无法忽视。

在后面章节中，我们将探讨人类意识的本质、可能的物理现象以及由此产生的心理和道德含义，在此之前，我们有必要重新评估这样一个问题：意识存在作为一个整体是否符合事物发展的规律。对于我们一直提到的"意识"，我们现在能说什么呢？还有谁拥有它？或者，听起来很离奇，还有什么东西拥有它？我们人类真的像西方主流传统所认为的那样，与其他事物截然不同吗？或者我们的意识在某种重要意义上与宇宙中其他事物保持着连续性吗？如果连续，这种连续能延伸多远？延伸到狗、猫、阿米巴虫、石头甚至电子？即使刚开始这样的思考，也表明我们正在经历着某种范式的转换。

其他生物

只有最极端的人类独特性倡导者才会否认狗和猫这些我们熟悉的哺乳动物的意识生活。它们显然不是麻木的（没有知觉的），这是判断一个人是否有意识的最基本的标准。它们从事自发的、有目的的活动，无疑有享受快乐或感受痛苦的能力，能从环境中学习并适应环境，至少在某种程度上拥有自由意志，能够做出选择。我们通常把所有这些都与人类的意识联系在一起。狗和猫是否也像我们一样享受着一种"内心活动"或者拥有一种"我"的感觉，这仍然是一个有争议的问题，争论的双方都有支持者，但我们通常感觉它们是有自我意识的伙伴。

当我们远离日常生活中常见的哺乳动物，或者进一步深入到生物系统发育的尺度上时，同伴的感觉就被极大地减弱了。类比的论证方法——我们是有意识的物种，因此与我们相似的事物也必然是有意识的——也逐渐失去了作用，因为越来越多的陌生物种似乎与我们根本不像。下面是哲学家托马斯·纳格尔（Thomas Nagel）在其备受争议的文章中提出的问题之一："作为一只蝙蝠，它会有什么感觉？"当一种生物的整个感官体验和生活方式与我们的截然不同时，我们就很难知道"作为那个生物，它会有什么感觉"，就是说，它可能会有什么样的内心生活或经历。尽管如此，如果我们仔细想想，大多数人还是会认为蝙蝠、蚂蚁甚至蚯蚓也有某种意识生活；生物学家在这些方面的经验比大多数人都要丰富得多，他们愿意更进一步将变形虫和海葵等生物视为有意识的伙伴。

"作者完全相信，"H.S.詹宁斯（H. S. Jennings）在 W.H.索普（W. H. Thorpe）的经典动物行为研究中说，"在对阿米巴虫的行为进行了长期的研究之后，我们发现如果阿米巴虫是一种大型动物，从而能够融入人类的日常经验中，它的行为会使它感受到快乐和痛苦、饥饿和欲望等，就像我们认为狗具有这些特性一样。"索普自己也这样说："甚至海葵的行为也比我们想象的复杂得多。它们不仅有很多自发的活动，而且有精心设计的有目的的活动模式。"他指出，如果在高速电影中观看这种生物的活动，那么我们都能很容易地看到这一切。

最近的关于普通手术麻醉剂对大蜗牛行为影响的研究给出了进一步的证据，证明外表与我们完全不同的低等动物，依然拥有某种意识，这种意识运行的原理与我们人类相似。让大蜗牛接触了使人类患者丧失意识的麻醉剂（氟烷、氯仿等）之后，研究者发现，在疼痛的刺激下，大蜗牛同样失去了回缩反应。

就我们而言，即使有目前的证据，我们也可以放心地假设，我们谈论的意识是一种"特性"或一种过程，是我们人类与动物王国的所有其他成员共有的、至少在某种程度上共享的特性或过程。这一假设包含了我们许多人对其他动物的直观感觉，并承认了哲学的类比论证方法是合理的、有效的。

因此，我们从品质与复杂性的各个角度出发，可以承认所有其他动物在某种程度上都是有意识的，在某种程度上能够自发地和有目的地活动，能感受到诸如快乐和痛苦的刺激并具有行使自由意志的初级能力。[①] 从最原始的意义上说，拥有这一类品质的其他动物，有着某种主观的"内心活动"——每种生物都必定有自己的"视角"。接受这一观点很可能会影响我们对其他生物的道德立场。

泛灵主义——强大而有限

到目前为止，大多数人接受这一论点可能没有什么困难，即至少要接受这样一种可能性：动物王国的所有成员在某种程度上都拥有有意识的生活。有些人可能还需要进一步确认蜗牛有"观点"，或者蚯蚓拥有自由意志的事实，但想象其他生物可能具有与自觉意识相关的某些特性，并没有完全超出我们的范围。

少数人至少熟悉这个概念（如果不是彻底相信它）。其他生物，比如植物，也可能被赋予某种原始的感知属性。但如果我们超越了这一点，进入泛灵主义的立场，认为即使是石头或木头这样的无生命物体（更不用说电子了）也可以算作自然的意识存在，那么我们就超越了大多数人（至少是那些受到过去300年学术氛围影响的人）的直觉。我们很少有人会对自己踩过的泥土或吸入的灰尘产生伙伴之情。

然而，我们对这些事情的现代直觉，与我们自己的前笛卡尔主义、前牛顿主义文化史上的许多观点并不一致。某种形式的泛灵主义在苏格拉底时代之前就存在了。巴门尼德的太一学说或赫拉克利特的万物皆流学说都暗示着所有事物，无论是意识上的还是物质上的，都来自一个共同的源头。

---

① 把拥有自由意志列为某物有意识的必要标准当然是有争议的，但我们将在第12章中讨论这个问题。这种意识被视为量子力学过程，和自由意志确实是不可分割的。量子自我必然是自由的自我。

更早些时候，万物有灵论者认为大自然的精灵就居住在古希腊的树木、山脉和雷雨云中，就像它们在许多其他原始人社会中所做的那样。《存在巨链》（*The Great Chain of Being*）中有这样的隐喻，即将一切事物都描绘成一条统一完整的生命链，这条生命链从人类一直延伸到无生命的最小粒子。这种隐喻起源于柏拉图的《蒂迈欧篇》（*Timaerus*），并且影响了整个中世纪和文艺复兴时期人们的世界观。但到了如今这个现代化的时代，我们已基本上与这一古老范式失去了联系。

或许，它更有可能是对我们现代文化中的唯物主义和机械论倾向的一种防御反应，因此泛灵主义以各种形式发展出了自己的亚文化的现代风俗。对许多人来说，其主要原因是精神或宗教方面的。正如《哲学百科全书》（*The Encyclopedia of Philosophy*）所言，许多人认为"一个现代人（认为传统的宗教教义不再令人信服）只有接受泛灵主义，才能摆脱唯物主义带来的苦恼"。

许多现代哲学家和心理学家〔斯宾诺莎、莱布尼茨、威廉·詹姆斯（William James）、德日进、怀特海德等〕通过将物质提升到意识层面，或者通过观察所有物质中一些萌芽的意识属性，已经接触到了一个与他们自己的经验并不完全冲突的潜在的现实。

18世纪的德国哲学家赫尔曼·洛兹（Hermann Lotze）写道："如果我们是泛灵主义者，我们就不再'把宇宙的一个部分看作另一个末端的盲目的、没有生命的工具'；相反，我们发现'在物质的平静表面之下，在其工作的刻板和定期重复的背后……隐藏着一种心理活动的热情。"与洛兹同时代的费希纳认为，地球本身是一种生物，它"在形式和物质上，在目的和效果上是一个单一的整体，在个性上是自给自足的"。在当下，由洛夫洛克的"盖亚假说"所带来的热情使这个想法变得流行起来。

许多近代早期的泛灵主义者完全接受了这一学说，他们相信每一座山、每一棵树、每一朵花和每一粒尘埃实际上都拥有一种内在的、有心理活动的生命，但这不是那种需要我们在这里关注的泛灵主义思维；相反地，我们关心的是现代物理学能对意识的本质做出什么解释，关心的是如何从量子层面来理解物质和意识的关系是什么，这使得一些量子物理学家以及少数受到他们启发的哲学家，都被划入了泛灵主义的圈子中。当然，他们的理论是一种更为谨慎的或有限的泛灵主义理论，因为现代物理学中没有任何证据可以证明山有灵魂，或者尘埃粒子有内在生命。

有限泛灵主义的推理是从只存在一种基本物质这个事实开始的。一切事物（有生命的和无生命的）都是由基本物质构成的，其中一些物质具有无可置疑的、有意识的生活能力，至少在量子层面上，物质和意识之间有一种创造性的对话，这使观察者的自觉意识影响了其所观察的物质的发展。正如哲学家托马斯·纳格尔所言：

> 我们每个人都是由物质组成的，这些物质在进入我们或我们父母的身体组织之前，大致都有一段无生命的历史。它们也许曾经是太阳的一部分，但也可能是来自另一个星系的物质[①]……无论什么东西，只要充分地分解然后再重新排列，都可以结合到一个生命有机体中去。除了物质，不需要其他成分。

此外，构成我们有意识生命的无机物始终在不断变化，就人类而言，这些物质每七年就会完全改变一次。现在构成我的身体的每一个原子都不是七年前我身上的原子。我们的生命体与其他生命体以及周围无生命的世界处于不断的、动态的相互交替中。那么，同样的原子怎么会在历史的某一时刻成为意识结构的一部分，而在另一时刻成为无机物的一部分了呢？它们或它们所组成的结构在什么时候获得了意识呢？内格尔在他关于泛灵主义的文章中勉强得出了这样的结论：

[①] 从某种意义上说，人的肉体是由星尘构成的。人体内的每一个原子，除了最原始的氢元素，都是在太阳和地球形成之前形成、变老且爆炸最剧烈的恒星中形成的。

　　除非我们准备接受这样的说法……在复杂系统中，心理属性的出现根本没有因果解释；否则，我们必须把当前意识的认识论的出现作为一个理由，相信复杂系统的构成成分具有我们尚不了解的属性，而这些属性使得这些结果必然发生。

　　也就是说，我们必须接受这个观点：除非意识是一种突然出现的东西，是没有明显原因的意外收获，否则它就是以某种形式一直存在着的，是构成所有物质的成分的基本属性。正如卡尔·波普尔（Karl Popper）所说："无机物似乎比仅仅产生无机物更有潜力。"[1]

　　但是，当内格尔提出精神或意识的某些方面可能与所有物质有关时，他说的是他所谓的"原始心理属性"，即现实中的某些原始心理要素，只有在一个复杂的系统中被适当地结合起来才能恰好成为意识。他认为，这些原始心理属性以及与之相关的基本物质可能有一个共同的来源，都来自一个更基本的现实，这个更基本的现实本身具有成为精神的潜能，也有成为物质的潜能。"这种简化到一个共同来源的做法，有助于解释在心理现象和物理现象之间为什么会存在必要的因果关系，而且是在任一方向上存在的因果关系。"

　　精神世界和物质世界两个方面都是来源于更基本的现实，内格尔对这个更基本现实的描述，确实是与我们所知道的量子现实和波粒二象性的内容一致，并被一些主要的量子物理学家所认同。例如，戴维·玻姆长期从事物理研究，显然受到斯宾诺莎和怀特海德的泛灵主义思想的影响，他认为：

　　　　精神和物质是在一个事物发展全过程中的两个方面，这两个方面（就像形式和内容）只在思想上分开，在现实中并没分开。所有现实的基础是一种能量……精神与物质这两个方面在全过程的任何阶段从来没有任何实际的

---

[1] 虽然波普尔本人并不是个泛灵主义者，但与内格尔不同，他确实认为意识是一种突发现象，是更高、更复杂系统的一种属性，而不是原子的属性。

区分。

对玻姆来说，就像他之前的怀特海德和德日进一样，这种对现实的过程观使他在粒子物理学的层面上考虑了原始意识（内格尔的原始心理）属性的存在。

我们在第 3 章中看到，电子或光子（或任何其他基本粒子）似乎拥有某种神奇的魔法，能"预知"其环境的变化并及时做出相应的反应。这种事情至少在实验条件下是真实存在的，也是观测问题中一个更不可思议的意外收获。

在用来说明波粒二象性的著名双缝实验中，光子行为的变化取决于在探测之前对它们的要求，即要求它们穿过一条狭缝，还是穿过两条狭缝。探测时，如果只有一条狭缝打开，光子的行为就像粒子一样，它们会像一连串子弹一样穿过一条狭缝并击中探测屏幕。如果有两条狭缝打开，它们的行为就会像波一样，穿过两条狭缝，在另一边形成一个典型的干涉图案（见图 4-1）。它们似乎"知道"自己两面特性的哪一面正在被实验所召唤，然后配合行动。

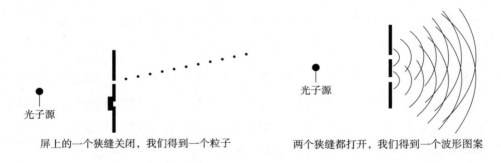

屏上的一个狭缝关闭，我们得到一个粒子　　　　　　两个狭缝都打开，我们得到一个波形图案

图 4-1　光子似乎"知道"有多少狭缝是开放的

在第 3 章讨论的惠勒延迟选择光子实验中，光子对实验装置的"了解"真是不可思议。在那个实验中，一个光子面对着始终打开的两条狭缝，之后在它行进的路途中，它会遇到一个粒子探测器或者一个干涉屏幕，但这两个探测设备中的一个是在光子已经穿过一条狭缝或两条狭缝之后才被放置在它的路途上的。即使

在这种情况下，光子也似乎预先"知道"了这一切，它能够追溯历史，回到自己的过去，并重新选择自己的穿行路径，从而配合实验过程并在结果中显示出自己相应的特性（见图3-3和图3-4）。只有当它撞击到探测设备时，我们才能断定它穿过的是一条狭缝还是两条狭缝。

玻姆用了一个美丽而令人回味的隐喻来说明亚原子粒子的这些明显的"先知"特性。他将实验室中电子的运动与芭蕾舞演员对乐谱做出的反应进行了比较，乐谱本身构成了"一个共同的'信息池'，指导着每一位舞者的舞步……"

对电子来说，"乐谱"就是波函数[①]。就像舞者一样，电子在信息池的基础上也参与到一个共同的活动当中，而不是像经典物理学定律所描述的那样机械地相互推拉。

每个电子不仅能感知隐藏在自己波包（乐谱中它自己的那"部分"）中的信息或意义，也能针对隐藏在整个环境中的信息做出非局域响应（由于量子的相关效应）。那些隐藏的信息包括其他电子的运动、实验装置的设计甚至物理学家的意识和意图。对玻姆来说，这种信息的共享、这种对彼此的"了解"，可能代表了电子的基本自觉意识。[②] 如果他是正确的，或者保守地说，即使量子事件中有某些东西能使这种可能性变得有意义，这便是新物理学正在为我们展现的另一种方法，以便推动我们改变看待物质世界的方式，改变我们与物质世界的关系。

我们必须谨慎行事。我们说有限泛灵主义者的观点与量子物理学是兼容的，并不是说量子物理需要泛灵主义。到目前为止，量子理论还不能解释量子现实中意识的起源，也不能解释基本亚原子粒子可能具有的原始意识属性。甚至玻姆的电子舞蹈在这个阶段也只是一个动人的隐喻。这种可能性的提出是因为实验室中光子和电子的不可思议的行为以及观察者／观察关系中的参与特性，但是量子理

---

① 就像薛定谔波方程中描述的那样，列出了所有电子的可能性。
② 或者，至少电子参与了意义和信息的双重心理／物理性质。

论本身还没有把意识纳入考虑范围。事实上，在我们能更好地理解意识的本质之前，量子理论本身是不可能接受它们的。

最终，任何关于基本粒子可能的意识属性或物质与意识之间的关系的讨论，都需要物理学和心理学的结合，而这种结合只有通过一个能说明意识的实际运作的良好模型——意识的物理学模型才有可能实现。这个模型可以用来探索以下问题：我们和其他动物的意识是不是复杂生命系统突然出现的一种属性？或者生命系统只是能够使更基本的物质所具有的原始意识变为有意义的属性？

第5章

意识与大脑：两个经典模型

此前人们试图用计算机技术和全息影像技术建立大脑模型的尝试是失败的，因为这类模型仍然是依照人类程序排列组合的数据，不能与人的意识做类比。

即使用最新技术为大脑建立的模型也不能产生意识。

虽然我们每个人都拥有意识，认为它是最熟悉、最容易接近的，但它是这个世界上最难理解的现象之一。

每次我们说"我"或"我们"时，我们都默认有一个有意识的"我"或"我们"在那里说话或思考。然而，当我们试图专注于这个思考的自我，以某种有形的方式抓住它的那一刻——就像我们抓住手指或耳朵一样，它似乎在我们伸手之前就消失了。我们非常了解手指如何抓握和耳朵如何聆听，但是关于有意识的人的起源和本质，以及那个有意识的人是如何产生抓握或解释听觉的，我们从物理上找不到实际存在的物质。对于意识来说，没有解剖学或生理学，也没有物理学。

当然，也有些人（二元论者）认为，我们对自我或心灵永远不可能有任何物理上的理解。他们声称心灵和肉体是完全分离的，心灵必然是非物质的，是一种虚幻的"东西"，它只是从外面的某个地方来到我们的身边，暂时存在身体"表层"内部或旁边。但还有些人——通常是有更多科学方面爱好的人，一直相信，心灵或意识就像其他任何事物一样，必定存在某些物理解释，虽然意识的确切位置随着时间的推移不断变化，其表现形式多种多样，但它一定是位于身体的某处。

古希腊哲学家伊壁鸠鲁认为，"灵魂原子"分布在身体各处，这既是意识的来源，也是普遍的生命力的来源，尽管许多早期希腊人认为心或胸是这些东西的来源。另一些人则认为，意识是由肝脏的功能产生的，或者是停留在血液中的。根据印度哲学家的说法，它集中在沿脊柱分布的"沙克拉斯"中，因此我们可以通过瑜伽冥想来驾驭它。而在近代，笛卡尔提出，身体和灵魂的交汇点是位于大脑中央的神秘松果体。

如今，我们大多数寻找意识的物理位置的人都认为，意识一定是起源于大脑自身的功能。对其他身体器官的损害可能会导致各种各样的麻烦，但是对头部的一记重击几乎会导致意识丧失，我们清楚地看到药物作用于大脑可以改变各种意识模式。因此，我们仍然可以假设大脑中的物理状态与意识或精神状态之间存在着某种必要的联系，尽管这种联系的确切性质仍然是科学和哲学的一大谜团。

为解决这一谜团，"功能主义"开始兴起，并产生了将大脑与计算机进行比较的趋势，认为大脑或意识可以等同于计算机内部发生的过程。我们是什么取决于我们能做什么，而我们能做什么取决于我们自身的电路系统。计算机模型主导了大部分的大脑研究，反过来也影响了我们对自己的整体认知方式。现在我们常挂在嘴边的话是"需要某些输入"或给予"有价值的输出"，我们的大脑是"硬件"，我们的思维是"软件"，我们进入"开机"和"关机"状态，我们"烧断了自身的保险丝"，并已按照"成功或失败的模式编好了程序"。如今，整个现代生物学都是根据"行为程序"来运作的，而它曾经是有目标感或者至少是有方向感的。我们真的把自己当成"思维机器"了。

大脑毕竟是神经系统中主要的控制器官，因此它的生理功能包括沟通、协调、计算、学习和记忆，所有这些功能在某种程度上都与我们更好的计算机操作能力相当。在这个层面上，大脑功能和计算机功能之间的类比是令人信服的。

确实，大脑中复杂的神经元束的组织方式与构成计算机电路系统里的杂乱线路之间存在相似性，特别是现在，使用并行处理技术的计算机已经被发明了出来。与计算机中的"神经细胞"类似，大脑中的 10^{10}（100 亿）或 10^{11}（1000 亿）个神经元也是一种电子线路，各种信息通过电化学脉冲穿过神经突触进出大脑。在任一时刻，大脑实际上都充斥着数以百万计的高度活跃的神经事件，其中很大一部分构成了令人感叹的数据处理和计算能力，但这就是我们所说的意识吗？尽管运算具有多样性和复杂性，但它真的是大脑的全部吗？如果是，人们不禁要问为什么计算机没有大脑。

当然，计算机可以做非常复杂的事情，可以分析基因组织，做复杂的数学运算，或者通过纯粹的程序下高水平的国际象棋，但到目前为止，没有人会认为我们所能想象到的任何电子计算设备具有哪怕一点点的意识。对我们来说，它们缺少的恰好就是意识。它们缺乏自发性和创造性，缺乏想象力，面对笑话不会发笑，也不会欣赏音乐或感受痛苦，或者做任何其他与人类意识生活相关的事情。正如牛津大学的一位哲学家所说："给可能会生气、沮丧或经历青春期危机的一台 IBM 100 计算机提出建议这件事，我们实在不知道该如何理解。"

可以想象的是，我们可以通过编写一个复杂的程序，让计算机表现出这种有意识的行为，就像有点诡异的伊莉莎（ELIZA）或者医生（DOCTOR）① 的例子，该程序旨在模拟罗杰斯式的精神病学访谈。但正如伊丽莎的作者所警告的那样，编程技术或仿真技术与真正的自发行为和感同身受有着天壤之别。如果不这样想就很疯狂，尽管在我们机械化的文化中，这种疯狂常常被视为一种正常行为。

如果我们接受功能主义者的存在与行为的方程式，就找不到明确的方法来证明某些自觉的行为不是有意识的表现。我们看待意识的整个方式已经被强加于意识之上的机器模型所限制，以至于我们忽视了大脑发育与意识之间的联系，对我们自觉意识的实际特征似乎也视而不见。我们逐渐对自己的经验变得麻木，并在

---

① 著名的人工智能软件，是最早的与人对话的计算机程序。——译者注

这个过程中使我们的经验被扭曲。这样下去的危险在于，如果我们继续把自己视为机器，我们可能真的会变成机器，也就是说，可能会将我们丰富的意识生活缩减到用程序编写出来，于是我们的思想和行为便会被程序限制在非常狭窄的范围内。这就导致有被别人识别和记录的危险，如果我们想要克服这个问题，就必须找到一种完全不同的思维方式来思考思维与大脑之间的关系，并通过这种思维方式更人性化地来认识我们自己。最终，我们只能通过更好地理解大脑的生理机能与意识的物理基础来实现这个愿望。

事实上，人脑是一个复杂的矩阵，由一系列相互叠加、相互交织的系统构成，这些系统对应着人类进化的各个阶段，而由这些系统产生的自我就像一座跨越了很多个世纪的城市。它的考古包括史前层、中世纪层、文艺复兴或伊丽莎白时代层、维多利亚时代层，以及一些现代建筑层。它当然不像计算机模型所显示的那样，仅仅是在过去 20 年里一次建成的"新城"或"边缘城市"。我们每个人都在自己的神经系统中携带着地球上所有生物生命的历史，至少是属于动物王国的历史。

在史前层中，我们发现了单细胞动物，如阿米巴虫或草履虫，它们没有独立的神经系统。它们所有的感觉协调和运动反射行为都在一个细胞内发生；我们自己体内的白细胞在清除垃圾和细菌的过程中，其在血液中的行为很像池塘里的阿米巴虫。像水母这样的简单多细胞动物仍然没有中枢神经系统，但它们有一个神经纤维网络，允许细胞间通信，因此动物可以通过协调的方式做出反应；在我们体内，肠道里的神经细胞形成了一个协调蠕动的网络，肌肉的收缩推动了食物前进。

随着时代的变迁，一层又一层的"城市"逐渐形成。从昆虫起，我们开始发现一种或多种能进行更广泛的计算的神经组织，这些神经组织越来越接近头顶部位。我们的回缩反射能力只涉及脊髓，在解剖学和行为学上都与蚯蚓相似，这种回缩反射能力可以使我们的手及时避开烫手的炉子。

随着哺乳纲的草履虫的出现，哺乳动物的前脑开始发育：首先是低等哺乳动物的原始前脑，主要受本能和情感支配，然后是具有复杂计算能力的大脑半球，即我们大多数人认同的人类大脑中的"灰色小细胞"。然而，酗酒、使用巴比妥类药物或其他镇静剂，或前脑上部损伤，都会导致人退回到更原始、更自发、计算能力更弱的行为状态，就像在低等哺乳动物身上发现的那样。几乎整个人类精神病学，即治疗影响意识问题的现行医学手段，都注重调节原始的前脑。

因此，尽管随着神经系统的进化，神经网络变得越来越集中和复杂，但更原始的神经网络仍然存在，不仅存在于功能不断扩展的大脑中，也存在于全身。我们进化的最近阶段已经取代了早期阶段，但并没有完全取代早期阶段。阿米巴虫和水母的经历、蚯蚓和蚂蚁的经历，都根植在我们的神经组织中，与每一种生物分享我们的意识能力。正如怀特海德所指出的，"人类意识因此意识到自己的身体遗传"。

因此，无论意识是什么，它都不会与大脑皮质中神经元连接所产生的更高级的大脑功能完全相同。很显然，我们意识的形式、我们的认知和思想内容，都受到这些连接的影响，但是意识本身的能力、非结构化的原始意识，一定是更基础的东西。

有些动物虽然有意识，但根本没有皮层，而另一些动物只有非常原始的皮层。一些大脑皮质大面积受损或在手术中被切除的人，可能会失去某种特定的能力，比如语言、视觉、运动，甚至是记忆，但他们仍然拥有意识，就像新生儿拥有意识一样。意识本身，包括意识的一般能力和有目的的响应能力，必须产生于某种物理机制，这种机制远比人类发达的大脑原始得多，连最低等的阿米巴虫也能获得。理解这是如何发生的——为解释所有生物（可能还有非生物）的意识找到一个基础，对于理解人类意识在事物发展进程中的位置和存在的理由至关重要。

这些都是从一般观点出发来反对大脑的计算机模型的，但也有从现象学的观点出发来反对这个模型的情况。如果我们仔细考虑意识的某些基本特征——至少就像人类所经历的那样，就会很清楚，从原则上讲，拥有这些特征的能力不可能从这样一个计算机模型中得出。

所有关于大脑的计算机模型都有一个基本的假设，即大脑本身的运行如同一台巨大的计算机，遵循相同的法则和原理，即大脑的各个部分（神经元）以一种有序的、机械的方式合作，服从所有经典物理学的决定论法则。在这样的模型中，一种大脑状态必然跟随着另一种状态。我们所能拥有的只是静态的、可预测的一组神经元正在"注视"其他的神经元组，并随时对其他神经元组做出反应，而其他那些独立的神经元组在大脑中却没有被整合起来。如果没有一个由神经元组成的"中央处理器"来监督整个大脑功能的统一过程，并使其能够做出自由、自发的决定。那么，在这数万亿次的能被确定的神经连接和事件中，我们所体验到的那个自己在哪里呢？为什么"我"会有饥饿感，会决定去吃一个苹果，吃完之后会感到快乐呢？我们为什么会有吃苹果的"经验"，而不是对上百万种不同感官输入的信息产生零散印象呢？

最近关于人类视觉的研究已经说明了这个问题。当我们看到一个苹果时，会立刻意识到那是一个"苹果"，一个小的、圆的、红色物体，放在一个碗里，碗在大约三英尺 ① 外的桌子上。我们还会对苹果产生其他联想：它能消除我们的饥饿感；每日吃一个苹果，疾病远离我；夏娃吃了苹果而毁了人类，等等。但这些并不是视觉感知的部分。视觉感知信息包括苹果的大小、形状、方向、颜色和位置，每一个信息都由大脑单独记录了下来。

大脑看到的不是"一个苹果"，而是红色、圆形、小个头等。每个特征信息被归档在不同的地方，存在"单独的特征图"上，然后再存到"位置的主图"上

---

① 1 英尺 ≈ 0.304 8 米。——译者注

（见图 5-1）。一旦主图构建完成，注意力便会集中起来盯着主图，于是看到了一个苹果。

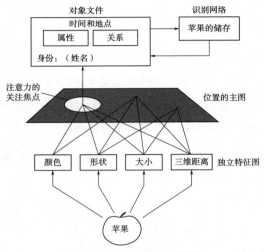

图 5-1　一种计算机视觉模型

注：不同的特征信息被收集在特征图上，并存在位置的主图上。但是，在识别网络能够对信息进行
　　处理之前，需要注意力整合位置主图的信息。什么是注意力本身？
资料来源：改编自《科学美国人》，第一卷，255，第 5 号。

　　　　注意力利用主图，同时通过连接至不同的特征图，对当前出现在选定位置上的所有特征做出选择……将每个目标文件中的属性和结构关系的综合信息与存储在"识别网络"中的描述信息进行比较。识别网络详细描述了猫、树、熏肉和鸡蛋、任何人的祖母和所有其他熟悉的感知物体的关键属性。

　　但是，从主图中整合信息的这种注意力是什么呢？

　　意识统一性是意识所拥有的其他特性的基础，注意力就像是把无数感官印象捆在一起的绳索。我们的意识就像一首富有旋律的音符、苹果的许多独立特征或更一般的视觉场景一样，是"结合在一起"的内容。这些内容构成了一个整体、一幅"图画"。整体中的每个部分从整体中获得自身的意义，它既反映出整体，也反映出它自身其他的组成部分。我听到了"莫扎特'慢板'里的一个升 F 调"，但在我的意识里，这个升 F 调并不是孤立存在的。我从书房窗口向外望去，看到一棵白蜡树，它是牛津运河岸边花园中的一棵白蜡树。它的枝叶在天空中摇曳，并向港口草坪对面的怀瑟姆森林招手。当我向窗外望去时，所有这些都同时呈现在我的眼前。从整体来看，它们就是"我窗前的景色"。

如果没有这种整体性，没有这种统一性，就不会有我们所感知的经验、苹果、花园、自我意识（人格同一性或主观性），也就没有个人意志或有目的的决定（意向），所有这些都是我们精神生活中常见的特性。无论我们所说的意识是什么，这些特征都是意识最基本的特性，我们大多数人都认为拥有意识是理所当然的。然而，正是在试图理解这种统一性的过程中，我们才意识到，意识是多么不可思议，以及为什么它的物理原理至今还没有被我们发现。在我们日常熟悉的物理所描述的任何系统中，都没有类似的统一性。整个经典物理学和基于它的技术（包括计算机技术）讲的都是关于事物的分离、关于各组成部分以及它们是如何通过分离而相互影响的，就像大脑中的独立神经元通过突触相互作用一样。

如果没有其他更充分的理由来拒绝大脑的计算机模型，那么针对意识统一性的论点本身就会不攻自破。就像笛卡尔在试图解决如何用物理术语解释意识的问题时说："精神和肉体是有巨大区别的，因为肉体本身总是可以被分割的，精神则是完全不可被分割的。"这种显然不可调和的划分论点，就是导致笛卡尔走入二元论的理由之一。

尽管更多的现代哲学家仍希望找到某种用物理术语解释意识的方法，但对包括计算机模型在内的所有经典的大脑物理模型都提出了几乎相同的观点。在理论上，如果计算机的物理原理不能为我们提供意识的物理原理，那么它就不可能成为解释大脑工作的合适的模型，也不可能非常准确地反映我们的自我以及人类的行为。

　　由于计算机模型存在缺陷，并且它对意识与自我的一切解释几乎都是大相径庭的，于是一些人就提出了一种完全不同的模型来取代计算机模型，这种模型体现了统一性并以物理术语做出解释。这就是全息模型或"全息范式"，这个模型有段时间被描述得很夸张。

　　全息图本身就是一种特殊的摄影幻灯片，它记录了初始光束被分成两路后互相干涉的图案（见图5-2）。我们在制作全息图的技术中不使用透镜，只记录光的相位和强度，用一种特殊方式将所拍摄物体的信息存储在幻灯片中。物体上任何一个部分的信息都被分散地记录在整个幻灯片上，这样即使幻灯片的某些部分破损，整个物体的图像仍然可以被投放出来。但是，破损面积越大，投放的图像就会变得越模糊。

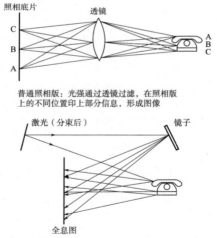

图 5-2　全息图

注：换言之，图片的每个单独部分都以压缩的形式包含了整个图片。部分在整体中，整体也在每一个部分中——一种多样性的统一，统一的多样性。关键是，由部分可以接触到整体。

正如全息模型的倡导者所言，大脑系统与全息图系统在传递信息的方式上"惊人地相似"。从每个局部信息中都能获取有关整体的信息。然而批评家们指出，仅凭这一特性还不足以将全息技术与计算机大脑模型完全区分开来。大脑皮质的联想神经网络具有分布全局信息的功能，它们杂乱无章，线路设计得非常凌乱，所有东西看起来都是随机互相连接的，但这就是新型计算机并行处理技术的基础。点对点式的运算模式是模拟大脑一对一神经元束的运行模式，新型计算机的运算模式与之不同，它的方式仍然是在做运算。不过仅凭这种批评，不太可能劝阻那些热切拥抱全息模型的人。

全息模型的真正作用是：对计算机模型及计算机所代表的几乎所有事物的否定、对整个机械论世界观以及与之相关的许多疏离和分裂形式的否定。全息摄影表面上的整体性，反映了我们意识经验的类似的整体性，这个观点主要围绕着"整体"二字，由此引发的关注热度也取决于一直以来西方主流文化对"整体性的真相"的忽视程度。

自柏拉图以来，西方文化一直强调理性和分析，这是我们形成自己的思想和做出决定的守则，是我们意识生活的"零部件"。这种逻辑很自然地导致了大脑运算模型或大脑计算机模型的产生，但代价是忽略了人类认知和经验的另一面，也就是所谓的直觉的一面，即利用智慧、想象力、创造性等的那一面。用现代神经生理学的术语说就是，我们精神生活的这两个方面被称为右脑 / 左脑分工，我们的文化是左脑文化。[①]量子物理学中可与之媲美的隐喻就是，我们可以称其为波粒的分工，我们的文化则只强调了心灵的粒子方面。

"整体主义者"想要强调经验的波动方面，即意识的每一个元素，实际上是现实本身的每一个元素与其他一切事物之间的关联程度。整体大于部分之和，或者，如全息模型的主要支持者之一的戴维·玻姆所说，现实是一个"不可分割的

---

① 分析和逻辑思考的能力几乎完全来自大脑左半球的功能。

整体"。每一件事及每一个人，都是紧密地联系在一起的，所有关于个体或分离的议论都是对事实的扭曲，都是一种幻觉。

这种近代整体主义在东西方都有其渊源。如佛教《金刚经》上说：

> 据说在因陀罗的房子里有一张珍珠网，如果你看到其中的一颗珍珠，你便会看到这张网里反射出来的所有其他珍珠。同样的道理，世界上的每一个物体都不仅仅是它自己，它还包含着其他的每一个物体，而且事实上每一个物体也都是其他的物体。

在西方传统中，也有许多类似的隐喻，比如在《存在巨链》中，通过宣称现实的每一个微小局部都包含了它的整体，从而将宏观与微观联系起来。或者，在斯宾诺莎的哲学中，强调世界上的一切都是由一种物质构成的。那些认为全息图是大脑模型的人正试图把这些隐喻建立在科学的基础上。

一般来说，"全息范式"和大脑的全息模型都有其吸引人的特质。全息图作为现代大脑的一种隐喻，强调意识与现实都来源于关系和过程，从而提醒我们，我们都是某个更大整体的一部分，因而全息图在这个方面发挥着有益的作用。但即使是一个隐喻，它在某些方面也太过头了，它极端地强调自己具有波的特性，如同机械和计算机模型极端地强调它们自身的粒子特性一样。而我们知道现实拥有波动（关系）和粒子（个性）两个方面的特性，如同我们所了解的人类经验是由直接意识（统一与整合）和计算（思想与结构）两个方面组成的。一个关于意识本质及其与大脑关系的真正合适的模型，必须能够对这两个方面都做出合理的解释。

作为一种将意识统一放在坚实的科学基础上的尝试，全息模型至少在两个方面是失败的。一是，就像计算机模型一样，它不能解释意识中的"我"是什么。如果"大脑只是一张能感知和参与全息领域活动的全息图"，那么这张图由谁来看呢？二是，全息图本身只是一种不同寻常的照片，它本身不会有任何感知。因此，要问谁或什么东西提供了意识（"吸引注意力的焦点"），我们要么假设那必须来自外部，就像二元论一直在争论的那样，要么全息图的物理原理可以解释意识感知的统一性——前面刚说过它解释不了。

由于全息图是通过记录光波的干涉图样构成的，这种干涉图样是普通的电磁理论所描述的一种经典的效应，因此全息图本身就是经典系统。也就是说，尽管它们能够将整个物体的信息存储在照相底片的各个部分，但最终还是可以被分割成若干部分。它们是记录在一个盘片上的许多独立的标记，当标记足够多时，就代表了一个整体。但是，我们总能通过减少标记的数量，使其不能传达任何整体信息①。这不是解释意识统一性所需要的整体论，在解释意识的物理基础这个关键方面，全息图并不比任何其他经典模型更好。事实上，它与前面讨论的视觉感知计算机模型几乎没有区别（见图 5-1）。这个模型的"主位置图"很可能是通过并行处理视觉数据而建立起来的全息图，就像"集中注意力的过程"是视觉过程中一个缺少的关键环节一样，它也存在于更普遍的大脑功能的全息模型中。

同样地，越来越多的人感到迫切需要找到一些办法，来摆脱我们文化中盛行的机械论造成的寂寞孤独感和普遍疏离感，于是就越来越强烈地渴望某种形式的整体主义。正如一位哲学家描述的那样，整体主义是"有机的、模糊的、温暖的、可爱的和神秘的"。因此，这导致了"全息范式"的流行，导致了戴维·玻姆描绘的不可分割的整体论的流行，以及万物归一的东方神秘主义的普遍复兴。每一次尝试都是试图摆脱我们与彼此以及与整个世界的分离状态。

本书在许多方面可以被看作整体运动的一部分，尽管我认为没有必要把它放在东方神秘主义的视角上；而且，自始至终，我都会坚定地认为"不可分割的整体"只是现实全景的一个侧面以及意识在现实全景中所处位置的一个侧面，切不可像盲人摸象那样把局部当成整体。

---

① "在类空间表面的每个点上，电场的每个分量都是一个独立的自由度，所有这些无限多个自由度原则上都可以被赋予独立的值。"（Abner Shimony. 'Meeting of Physics and Metaphysics'. in *Nature*. vol. 191, p. 435.）

但是，如果整体主义想要拥有任何真正的意义，即任何"利器"，它必须以意识的真正的物理学为基础，以一种能够支撑意识统一性的物理学为基础，能将意识与大脑结构、与我们日常意识的共同特征关联起来。我认为要达到这个目的，我们必须求助于量子力学。

第6章
意识的量子力学模型

　　量子的行为与大脑意识有很多相同之处。作者提出了一个基于玻色-爱因斯坦凝聚态的大脑意识的量子理论模型——弗洛利希式的玻色-爱因斯坦凝聚态。这种凝聚态的关键特征是：组成有序系统后，其各个部分不仅表现得像一个整体，并且在成为一个整体的过程中，即各部分在融合的过程中完全放弃了个性。作者认为可以通过生物系统中存在的弗洛利希式的玻色-爱因斯坦凝聚态来研究人类意识。

　　在新物理学中存在类似大脑运动状态的物质形态，即玻色-爱因斯坦凝聚态。

　　我们现在很可能会问，量子过程和我们内心经验以及思维过程之间如此相似是否只是巧合……思维过程和量子过程之间这种惊人的逐点相似将表明，把这两个过程联系起来的假设很可能会结出硕果。如果这一假设能够得到证实，我们思维中的许多特征就会被自然而然地解释清楚。

戴维·玻姆

　　在前几章中我们看到，意识在某些重要方面成了量子力学中的一个问题。用拟人化的隐喻来说，量子力学对意识并不感到陌生，确实如此。大约 20 世纪 50 年代，戴维·玻姆就首次提出：我们思维过程的特性与某些量子过程的特性有许多惊人的相似之处。

　　例如，谁都有过这样的经历，当一串模糊的想法出现在脑海中时，你努力地想集中注意力去理清思路，结果却发现，集中注意力这个行为不知何故竟然改变了最初的思路，或者说"趣味"。就像服从海森堡测不准原理的电子，一旦被观察（测量），就不再是曾经的样子了。被集中思考的想法与之前模糊沉思的想法已经不一样了。我们可以说，被思考过的想法具有了"位置"特性，就像具有二象性的电子的粒子特性一样，而模糊沉想的想法具有"动量"特性，就像波的特性一样。我们不可能同时体验（测量）集中思考与模糊沉思这两种状态。

　　量子系统在本质上是具有统一性的，同样，我们的思维过程也具有统一性。

我无法把小女儿天使般微笑的独特魅力与她是我女儿这一事实分割开来，就像物理学家无法把他所测量的电子与他所使用的测量仪器分割开来一样。就电子的存在模式而言，每一个电子的意义取决于它在关系中的位置，取决于它所处的环境。因此，正如玻姆所说：

> 思维过程与量子系统是相似的，无法采用不同组成成分的分析法来研究它们，因为每个组成成分的"内在"本质，都不是独立于其他组成成分而存在的；相反地，这种本质部分地产生于它与其他组成成分的相互关系之中。

最终，逻辑方法能够帮助我们构建和集中我们原本"不确定的"、流动的思维过程，经典物理定律能够描述日常世界的独立事物和因果关系，而这些事物和因果关系是量子过程的极限。这两者之间存在着一个有趣的相似之处。如果没有经典的极限，就没有坚实的"真实"世界；如果没有逻辑，就没有办法清晰地表达我们的思想，也就没有办法通过外部世界来检验我们的思想。

"因此，"玻姆说，"正如我们所知道的，如果量子理论没有它现在的经典极限，那么生命是不可能存在的，如果我们不能用逻辑的语言来表达思维的结果，那么思想也是不可能存在的。"

在思维过程与量子过程之间、在我们与电子之间，有一个重要的联系，这也是本书的基本假设，两者之间的许多类比都是诱人的和具有启发性的。类比方法一直是哲学和科学思维发展过程中的强有力工具，单凭这一点，就有充分的理由来揭示量子过程和日常生活之间的关系。

但是，如果真的如玻姆早期所说，有可能超越类比的方法，超越思维过程与量子过程相似的说法，并进一步用大脑的实际结构与功能中的量子力学属性来解释意识，我们就将迈出真正的进化的一步。我们不仅离解释个体心理与群体心理的物理基础更近了一步，还会在解释我们与自然界和物质世界的关系方面取得更多的进展。

本章的目的是建立一个模型，来展示一种方法，在这种方法中，意识活动可以根据量子力学规律进行。奠定一个稳固的基础之后，我们就可能在后面的讨论中得出一些哲学和心理学上的结论，即电子动力学与自我动力学之间存在着非常紧密的联系。

当玻姆第一次用类比的方式描述量子事件与思维过程时，他很难走得更远。因为神经生物学和量子物理学都没有得到足够的发展，它们之间还做不到轻松地解释彼此。最重要的是，空间和时间中明显分离的粒子之间被证明存在着非局域相关效应（大致说就是"超距作用"）之后，带来的整个思想和困惑的爆发期尚未到来。如果没有这一点，没有在一些大型有序结构（如激光和超导体）中发现的更强的统一效应，就不可能用物理方法解释意识，而有了它们，量子力学方法就变得很有吸引力。

计算机模型和全息模型的不足之处表明了，意识统一的问题是用物理原理解释意识的核心问题，即我们的思想、知觉、感受等的独特的不可分割性问题，而以往的所有理论都在这个问题上撞了南墙。没有这种统一性，就不存在我们所感知的经验，也就不存在拥有这些经验的自我。在经典物理学中，没有任何过程能产生这种统一，即使是不久前，统一性在量子物理学中也不是一个重要的主题。但是现在，特殊的量子力学统一性被承认了，物理学家和哲学家都开始想要知道量子力学统一性与意识的统一性是否存在某种有意义的关联。牛津大学的罗杰·彭罗斯（Roger Penrose）为所有人提出了如下理由：

> 量子物理学涉及许多非常有趣和神秘的行为。其中最重要的是（非局域）量子相关性，它们可以发生在超远距离上。在我看来，这是一种确定的可能性，这种东西可能在意识思维模式中发挥了作用。量子关联可能在大脑的大部分区域发挥了重要作用，这种说法或许并不稀奇。大脑中的"意识状态"和高度相干的量子状态之间是否存在联系？"统一性"或"整体性"是

意识与此相关的特征吗？这在某种程度上是很有诱惑力的。

彭罗斯在这方面也提出了与量子关系相似的隐喻：一群音乐家虽然是在不同的房间里演奏和录音，但他们仍能合作并创造出和谐的音乐；或者是我们在第1章中讨论过的量子双胞胎现象，虽然他们不知道彼此，并且相隔千里，但是仍然过着完全同步的生活。这样的量子系统似乎与大脑中各个独立的神经元合作后产生统一意识的方式很类似，然而这样的观点本身对玻姆早期提出的类比方法没有太大的帮助。

大半个世纪前，人们首次发现了实质性证据，证明了在量子物理世界与我们日常感知的世界之间至少存在着一条沟通渠道。当时，研究视网膜的生物物理学家发现，人脑中的神经细胞十分敏感，足以记录下单个光子的吸收过程（反映了单个电子从原子内的一种能量状态跃迁到另一种能量状态的过程），也足以接收到所有量子怪异行为产生的影响，包括由不确定性和非局域性效应产生的影响。

进一步的实验证明，通过神经连接（神经元突触）周围的化学浓度的随机变化，量子不确定性被植入大脑自身的机能当中。化学浓度的高低决定了神经元"放电"的水平，例如，与其他神经元进行电接触时，即使是非常微小的量子级别的变化也会影响放电电位。实际上，神经元的放电水平是按照一定的统计规律变化的，就像其他量子过程一样。在大脑的 10^{10} 个神经元中，有 10^7 个被认为足够灵敏，可以随时记录量子层级的现象。然而，单个神经元放电的现象，还远远不能解释与大脑意识活动相关的任何复杂过程。

尼尼安·马歇尔（Ninian Marshall）在 1960 年发表的一篇关于心灵感应和记忆的论文中详细阐述了用量子力学方法研究意识本身的必要性。马歇尔的论点是，经典物理学的决定论定律没有给思维过程、自由意志或意图的自由发挥留出空间——而我们认为这些都与意识有关，是意识的特征。任何服从经典物理学决定论定律的物理大脑机制，都无法解释思想或意志的自由，也无法解释由此产生的任何自由行为。

最近，俄罗斯物理学家尤里·奥尔洛夫（Yuri Orlov）也提出了类似的观点。他认为，任何疑问、决心或创造性思维、量子不确定性和叠加的概率状态（虚拟状态），在大脑释放意识中的潜能时必定发挥了作用，所以我们能同时看到许多可能性。

当一个人陈述或描述"实际上不存在的东西"时，他所描述的机制（量子不确定性）正是理解创造性思维的关键。根据我们的研究，这个人具有同时"看到"几个版本的潜能，尽管他并不完全了解其中任何一个版本，然后会有一个版本"弹出"（物化）成为一个自由选择的结果。

同时出现许多不同的（最终是相互排斥的）可能性，使我们想起在讨论虚拟状态时遇到的量子女孩。就像她的自由爱情最终不得不让位于承诺一样，我们自由地思考和自由地发挥想象力，最终也必须在某一时刻形成一种确定的想法。尽管在"现实世界"中，只能存在一组特定的量子可能性，但在这个可能性实现之前，量子世界已经带给我们很多乐趣！

但是，如果像彭罗斯、马歇尔和奥尔洛夫所说的那样，意识的物理基础是某种量子力学现象，尽管这意味着自由，但仍然有很多东西无法解释。例如，意识可能是哪种量子过程，大脑的哪些特性能够维持意识？只有试图回答了这些基本问题，一个建立在量子物理学基础上的意识模型才具有真正的意义。

在用已知的物理学解释意识的时候，最关键的一点是坚持意识的统一性，我们有可能看到，这种统一性的某些特征可能为任何潜在的物理过程本质提供了某些启示。例如，所有意识的背景（就像书写各种思想的"黑板"）被物理学家们称作"稳定状态"。这种稳定状态在空间上是统一的，在时间上是持久的，这是意识在认知过程中所必须具有的特性。就像我们不能在凹凸不平的或者开放时间很短的黑板上写下很多内容一样，如果我们不把意识的背景设置为稳定状态，我们的自觉意识中的特定内容就很难被表达出来。正如动物行为学家约翰·克鲁克（John Crook）所说："意识的有序性（它在时间上的稳定性）让我们感觉自己生活在一个世界里，而不是生活在由反复无常的感官所创造的体验中。"

我们的注意力具有一种不寻常的有序特性，然而在我们选择对意识的最基本的物理解释的方法时，这种有序特性产生了极大的限制。这可以从经典术语试图解释意识的失败中看到。我们的意识具有稳固的整体特性。意识是统一的，因此我们的经验也是统一的。这种稳定的统一性在自然界的动态过程中是罕见的，但它确实发生在以"凝聚态/凝聚相"出现的材料中。因此，凝聚态的物理现象（和生理机能）似乎值得进一步研究，看看它能否解释意识是如何在大脑中产生的。

上面所说的态或相表示的是某种物质系统的"状态"，或者表示某事物、某种材料系统的状况，就像"青春期的状态"或"叛逆期的状态"，表示的是精神的"状态"。在自然材料中，态/相是指给定系统中存在的有序程度。例如，水有三种态——气态（蒸汽）、液态（水）和固态（冰），每一种态的分子有序程度总是比上一个的大。固态是一种冰的晶体，也是一种结构松散的凝聚态，盐的晶体和糖的晶体也是如此。

在物质的特性中还存在着结构更合理的凝聚态，有一些常见的例子，比如普通磁铁、超流体、超导体、激光、金属中的电流以及晶体中的声波。所有这些东西的共同特点是某种程度上的相干性或一致性，这种相干性使组成物质的那些原子或分子会突然（或逐渐）表现为一个整体。

例如，想象一下，在屏蔽室的桌子上放着许多电磁罗盘。因为房间是屏蔽的，罗盘指针不会指向任何特定的方向，如果桌子晃动，指针会随机摆动并指向任何可能的方向。物理学家想要描述这些指针的运动规律，就必须写出许多方程式——每个方程式对应一个指针。但是，当每个罗盘中的电磁能量增加时，指针就会开始互相推拉，慢慢地形成一个统一的模式。当电磁能量变得足够强，足以抵消桌子晃动产生的影响时（相当于真实系统中的热噪声，热能使分子产生振动），戏剧性的一幕将出现，即所有罗盘指针都指向了一个方向（见图6-1）。所有单个罗盘似乎组成了一个超级大罗盘，这时物理学家只需写一个方程式就可以描述整体的行为。我们说，此刻的罗盘进入了凝聚态。

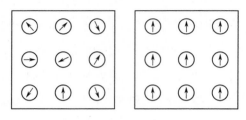

图 6-1　罗盘的方向

如果说这与意识有关，人们的第一反应就会是：大脑中的神经元是如何进入凝聚态的？这是可以理解的。活性细胞似乎在所有方面都与磁化的罗盘指针不同，尽管本书的论点是，生物界和非生物界以某种曾经被忽视的方式相互作用着，但当这个问题被真正面对时，首先联想到大脑类似过程的实际力学原理，似乎还是令人感到意外。如果要像例子中的罗盘指针那样被自己内部的磁场强迫排列成整齐的队伍，那么需要什么样的神经生物学机制来"排列"神经元（或它们的某些组成部分）呢？并且这种生物学机制是切实可行的吗？

许多人认为，意识可能来自大脑的某种超流体或超导体的特性。虽然超流体或超导体都具有高有序态的特性，但在现实中不具有可行性。因为超流体和超导体都只能在超低温下工作，而如我们所知，大脑是在正常体温下运行的。若要证明凝聚态的物理现象与意识有关，就必须找到能在正常体温下工作的某种机制。说来也巧，这样的机制还真的存在。几十年前，英国利物浦大学的赫伯特·弗洛利希（Herbert Fröhlich）教授首次描述了一种"泵送系统"，这种系统存在于生物组织中，并且似乎能满足所有上述必需条件。

弗洛利希的"泵送系统"就是一个简单的带电分子（"偶极子"———一端为正，另一端为负）振动系统，这个系统能够将能量注入分子中。振动的偶极子（活组织细胞壁中的分子）发出电磁振动（光子 [①]），就像许多微型无线电发射器一样。弗洛利希已经证明，注入系统的能量超过某一阈值后，额外的能量就会导致这类分子一致振动。这个过程会一直进行，直到系统中的分子都被拉入可能的最有序的凝聚态中——一种"玻色－爱因斯坦凝聚态"。

玻色－爱因斯坦凝聚态的关键特征是，组成有序系统的许多部分不仅表现得像一个整体，而且最终成为一个整体——各部分在融合或重叠时完全放弃了个性。

一个比较恰当的类比是：合唱团中许多声音在一定的和声水平上融合成"一个声音"，或者数把小提琴被同时拉响，发出"小提琴音色"。这就是一种个性的融合，在用物理方式解释意识是怎样把个人经验中的多个"亚统一体"拉到一起时，这种融合的概念是至关重要的。

当然，一个人可以拥有两个或两个以上的意识"孤岛"，例如，开车的同时还能聊天，这种意识领域的经验是比较普遍的。以下的情况是不存在的：第一个人坐在这里看到了运河岸边有一棵白蜡树，第二个人听到了附近火车的隆隆声，第三个人感觉到了轻微的背痛。其实这三个人都是同一个人——"我"。

然而，如果要获得这些不同"微小意识"的经验，则必须由同一个人来体验，因为只有一个完整的自我才能将所有这些经验融合在一起，因此一定存在某种机制能够解释这种与各个经验相关的独立大脑状态的统一性。在这些大脑状态的任一时刻，至少有 100 个不同的比特信息。为了把所有这些信息结合在一起，达到所需的统一性，就必须使处理每个信息的大脑状态变得完全相同。大脑状态的所有特性和所有信息必须完全重叠。目前，这样的统一性只存在于玻色－爱因斯坦凝聚态中。

只有在这种凝聚态中，个性被打破，我们才能在大规模系统中发现独特的

---

① 确切地说，"虚拟"光子是指在有限范围内相互作用的光子。

量子力学效应。这时，量子物理学家会说，前面提到的信息比特的波函数重叠了——它们的空间位置变得不确定了，以至于每个信息比特都把自己散布在整个空间中，就像那个晕头转向的量子女孩必须与她的所有情人同时约会一样；或者就像薛定谔的那只既活着又死了的猫，把自己不明确的存在状态散布到包藏着它秘密的整个笼子中。

这种大规模的量子同步特性存在于激光器、超流体或超导体中，并解释了它们的特殊性质。但在弗洛利希系统中发现的这种量子同步特性，其重要性在于，它是存在于正常体温下的。事实上，它只存在于生物组织中。在生物组织中，细胞壁内的电偶极子振动时会发出微波频率的信号。这种频率通常存在于生物组织中，并对生物组织产生影响。例如，微波辐射会影响酵母菌的生长速度。然而，到目前为止，尽管需要一些解释，但为什么活性细胞能产生微波辐射，并能对微波辐射做出反应，从而能够在它们的细胞壁中包含玻色－爱因斯坦凝聚态，至今仍然是个谜。弗洛利希说过，"生物系统的发展是为了达到某种目的，因此，要求达到某一刺激的目的是允许的"。

有位物理学家认为，微波诱发活细胞振动，其目的可能是让生命系统（与非生命系统不同）在自然界的混沌与混乱中创建秩序。当活细胞振动到足以把自己拉进玻色－爱因斯坦凝聚态时，它们就创造了自然界中最相干的秩序，也是最完整无损的秩序。这大概就是生命系统的机制，这个机制违反了热力学第二定律（熵增定律），因为根据熵增理论：所有无生命的系统最终都会退化为混沌状态。

还有其他一些生物物理学家，有些是与弗洛利希教授一起工作的同事，有些则是独立开展研究的人，也发现了同样的生物相干性的证据，不过，他们发现的是在可见光范围内的光子的相干有序性，而不是在微波范围内的光子的相干有序性。

德国生物物理学家弗里茨·波普（Fritz Popp）发现，活细胞能发射微弱的"辉光"，这是光子辐射的证据，他认为相干的"生物光子"的存在，可能在细胞调控中发挥了某些重要作用。日本的科学家们也发现了同样的效应，他们认为"很明显，这与各种重要的细胞活性和生物过程有关"，至少还有一位波兰生物物理学家已经发现了 DNA 本身光子相干排序的证据，波普和他的一位德国同事也发现了这一证据。

现在，生物组织中存在相干态（玻色－爱因斯坦凝聚态）的证据已经很充分了，而对其意义的解释，正是我们在理解生命与非生命的区别方面所取得的令人兴奋的前沿突破。我认为，有意识与无意识的区别就在于神经元细胞成分中是否存在着同样的玻色－爱因斯坦凝聚态。我认为这就是产生意识的物理基础。[①]

如果我们想证明玻色－爱因斯坦凝聚态是意识的物理基础，就必须在大脑中寻找弗洛利希式系统的必要特征。而且，我认为，每当大脑受到刺激时，神经元细胞边界上便会不断地发出电脉冲，为神经细胞壁内抖动的分子提供所需能量，使它们发射出光子。通过这种发信号的方式，任何一个细胞壁中的分子与其周围数千个细胞壁中的分子，就能以一种"舞蹈"的形式相互交流，从而使它们的抖动（或光子发射）逐渐步调一致。当抖动频率到达一个临界点时，它们就会像一个整体一样抖动，并进入玻色－爱因斯坦凝聚态。这时许多"舞者"合并为一个舞者，并且只拥有一个身份。

在那个关键的进入凝聚态的临界点时刻，神经元细胞壁内步调一致的分子运动（或由它们发射的光子）将呈现出量子力学特性——统一性、无摩擦性（因此具有持久性）、完好无损的整体性。通过这种方式，它们将产生一种统一的场，这种场是产生意识的基态所必需的。因此，临界点就是"一种经验"诞生的时刻。

从弗洛利希式系统的角度来思考意识，有很多有趣的含义，其中之一是它支持了这样一种观点，即某些原始意识很可能是所有生命系统拥有的一种属性。如

---

① 早期的作家们认为，大脑中的玻色－爱因斯坦凝聚可能是记忆的物理基础，尽管他们还无法找到合适的机理。

果能在酵母菌细胞中发现弗洛利希式的玻色－爱因斯坦凝聚态，那么很可能可以得出这样的结论：任何生物组织（植物或动物）哪怕只有一个细胞，都具有某种产生自觉意识所需的基本的统一能力。然而，一个较小的玻色－爱因斯坦凝聚态不会拥有很多可能的状态（激发态），所以它的能量也是有限的，因此蜗牛的意识比我们的意识要有限得多。

的确，原则上没有理由否认任何含有玻色－爱因斯坦凝聚态的结构（生物的或其他的结构）可能不具备意识能力，尽管这种意识的种类以及由这种意识产生的结果都将取决于系统的整体结构。这就为有意识的计算机敞开了可能的大门，自然，也带来了一种性质完全不同的意识的问题。

像我们人类这样的陆生高等动物，其神经元细胞壁上的电场是随着注入生物系统的能量的增减而不断变化的。这些增减是由血液中的化学变化引起的，如血糖的升高或降低、外界的刺激等。因此，意识的强弱程度会随着（蛋白质或脂肪）分子被拉入或挤出凝聚态的多少而产生变化。这一点是符合我们日常经验的，因为我们的头脑有些时候会比另一些时候更清醒，例如，在精力高度集中的状态下就比在睡眠的状态下清醒。这也同样符合我们的常识，即大脑损伤会影响意识或使意识缺失。

如果意识如同大脑计算机模型所展示的那样，由大脑的运算机制所产生，其中大脑中的数 10 亿个神经元细胞像电话线一样相互连接，那么当其中一根或多根线缆断裂时，意识就应该像电话系统一样受到影响。这种情况确实存在，大脑损伤后某些特定功能会受到影响，比如大脑中的视觉区域受损后，视觉会受到影响，听觉区域受损后听觉会受到影响等。但这种局部损伤对意识本身并没有造成什么影响。只有严重的大脑损伤使大脑的大部分区域被破坏（或者在麻醉剂等药物的影响下）时，意识才会受到明显的影响。这时，如果意识是一种非局域量子现象，它就会像我们所预期的那样失去其统一的整体特性。而基于弗洛利希泵送系统的理论认为，无论如何，意识的最基本特性——它的统一认识的能力，与大脑中单个神经元细胞之间的连接没有任何关系。

我们在这里给出的意识的量子力学模型，即在神经元细胞壁中的分子振动（或相关的光子）产生了玻色－爱因斯坦凝聚态，它只解释了我们意识的基态，这个基态就像一块能够记录事件（认知、经验、思想、感情等）的"黑板"。"记录"行为本身则来自多个方面：遗传密码、记忆活动、大脑中的突触活动以及所有这些生物系统发育时在神经系统中产生的回声共振。每一种记录行为要么单独出现，要么以某种组合形式出现，成为产生基本凝聚态的激发源，成为凝聚态内部的模式，这些模式就像海面上的浪花或火锅表面的气泡。这些模式中的数学运算规则实际上与全息图中的数学运算规则相同，我们把这些模式看作我们熟悉的意识的内容（见图 6-2）。有趣的是，笛卡尔也相信知觉是我们内在灵魂的激发源。

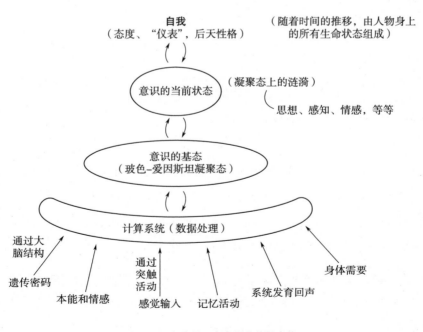

图 6-2　自我是一个多层次的混合体

这个模型与玻色－爱因斯坦凝聚态的激发的概念，解释了我们的意识生活／精神生活中可以被识别的模式，同时解释了神秘的 EEG 图，即连接到颅骨的电极在测量大脑活动时记录下来的脑电波图。在 EEG 图上所见的<u>典型波形</u>，被认为是记录了神经元细胞壁中的次临界值（放电前）振荡，该典型波形随着人的意识状态和大脑参与的活动而变化。迄今已有四种模式被识别出来，分别是 α（alpha）、β（beta）、δ（delta）和 θ（theta）模式（见图 6-3）。

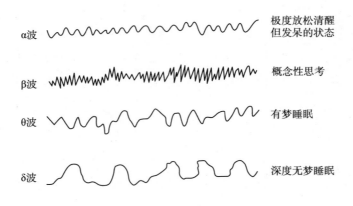

α波 　　　极度放松清醒
　　　　　但发呆的状态

β波 　　　概念性思考

θ波 　　　有梦睡眠

δ波 　　　深度无梦睡眠

图 6-3　大脑活动时的电波图

注：这些是否反映了玻色－爱因斯坦凝聚态的激发？

在正常的成年人大脑中，β 波与条理性和抽象思维有关，在大脑清醒的状态下，脑电波（EEG）主要呈现出 β 波形；当大脑处于深度无梦睡眠状态时，EEG 呈现出 δ 波形；在梦境中时，EEG 呈现出 θ 波形；处于完全放松状态时，EEG 则呈现出 α 波形，这时的大脑完全清醒但处于发呆状态。

每个完整的脑电波图形都是很稳定的，尽管其中的每个神经元细胞时刻变化着，如同波浪一样。更引人注目的是，在整个头部的脑电波图形中，以及在受到同样视觉刺激的两个单独神经元的电波图形中，我们发现代表兴奋的波形图是同步的，这表明远程相干性束缚着各个神经元的放电模式。采用任何经典理论都很难解释清楚这些神经元之间的连接关系，但是用"大脑中有一个量子集成系统"这样的概念，就能轻松地把这个问题解释清楚。

在我提出的意识模型中，大脑有两个相互作用的系统——与意识关联的相干玻色-爱因斯坦凝聚态系统和由单个神经元组成的类似计算机的系统。在脑电图上观察到的脑电活动可能是两个系统之间的桥梁——如果任何一个系统被激发，它将产生一个电场并作用于另一个系统。但由于量子因子的存在，所有的激发总是被整合在一起，即系统总是相干的。

因此，意识的量子力学模型展示了我们整个精神生活的图景，它既不完全像计算机，也不完全像量子系统，实际上也不完全是"精神的"。我们认为的已经发展成熟的意识生活，实际上是一种复杂的多层面的对话，这个对话是在量子基态和导致模式在基态发展的整个交互交响乐之间进行的。这些交互包括：与我们大脑皮质的计算功能之间的交互，与我们原始前脑的本能和感情的交互，与我们的欲望和阵痛（或痛苦）的交互，与我们体内进行的一整套活动的交互，以及在某种程度上与其他人和其他生物的意识生活的交互。这首交响乐中各个成员的演奏质量最终决定了所演奏乐曲的整体质量和内容，即我们的意识生活。

无论是否有任何现成的理论（例如将弗洛利希的泵送系统或波普的相干光子概念应用于这个问题，都已证明是正确的），存在一个意识的量子力学模型并且这个模型具有可行性，本身就蕴含着深远的哲学意义。完整性是产生任何这类模型的先决条件，因此舍弃系统组成部分中的个性，是关系到个人身份与群体关系的整体问题。

因此，任何量子力学模型也必然是一个物理模型，从而可以假定意识现象（认识、知觉、思维、记忆等）与物理、化学和生物学的现象一样，都属于自然规律，可以通过实验加以研究。这种看待意识的方式也意味着；要么认为意识和物质是紧密联系在一起的，意识是物质的一种属性（如泛灵主义）；要么如纳格尔所认为的（见第4章），意识与物质来自同一个源头：用我们的术语讲，都来自量子世界。

  这两种观点都把意识带出了超自然的领域，并使之成为适合科学探究的事物。它挑战了被广泛接受的二元论的假设，即意识和物质（"心灵"或"灵魂"，和身体）是完全独立存在的，各自都以自己的方式演化着，只是在我们这个不完美的世界中意外地相遇了。如果能证明意识确实是一个量子过程，那么二元论的长期领导地位将被前所未有地撼动。我们现在刚好就处在重新评估身体和心灵是如何关联的整个问题的风口浪尖上。

第7章
心灵与肉体

心灵与肉体的关系既不是唯物主义认为的物质决定精神，也不是唯心主义认为的精神决定物质，更不是折中的泛灵主义认为的精神是肉体的属性或者肉体是精神的属性，而是人的生命所展示出来的两个方面，如同量子所展示的波粒二象性一样，它们构成了不可分割的一个关系整体。

如果对西方哲学特别是以萨特为代表的存在主义哲学比较熟悉的话，对作者在以下章节论述的内容会比较容易理解。

心灵（即精神/意识/自我）与肉体的关系如同量子的波粒关系，肉体具有粒子特性，心灵具有波特性，是一个事物存在的不可分割的两种状态。

　　我正确地得出结论：尽管我有一个与我紧密相连的身体，但我的本质在于我是一个会思考的事物。我有一个清晰和独特的概念：一方面，我把自己看作一种会思考的、非扩展的事物；另一方面，我把自己的身体看作一种扩展的、不会思考的事物，因此，可以肯定我确实与我的身体不相同，没有身体我也可以存在。

笛卡尔

　　有一天，我最小的女儿问我她的"灵魂"是什么，我听见自己对她说，那是她自身最重要的部分，是使她成为真正的"她"的那部分，是与她的身体不同的东西。假如她早慧到能问她的"精神"是什么这样的问题，我肯定会以同样的方式来回答——不管我实际上是怎样思考的。虽然我对这个问题的思考与我的理性信念相反，但我本质上是一个不错的笛卡尔主义者，当我试图用孩子们能理解的方式向他们解释一些基本的东西，比如精神／身体或灵魂／身体的关系时，我发现自己在使用童年时建立的某种根深蒂固的信念模式，这种信念因我所受的教育而得到加强。我猜大多数人都是这样的，即使那些从未读过甚至听说过笛卡尔的人也是如此。

　　无论我们如何理性地思考，我们中的大多数人都会觉得我们的思想（或灵魂）和我们的身体在本质上是不同的，我们所能感受到的是一个拥有肉体的自我，或者是一个置身于肉体中的自我。我们觉得自我是一个非常私密的、被深藏起来的无形的东西，可以通过肉体向外窥视更加广阔的世界，如果没有肉体的限制，我们能够享有各种能力和自由。如果摆脱了肉体的束缚，我们就会达到人生的最佳境界。哪怕疾病缠身，我们依然是健康的；哪怕白发苍苍、满脸褶皱，我们依然是年轻的；哪怕"身浸污浊"，我们依然是"纯洁"的。但深陷肉体的束缚，我们就只能在绝望中呼号。

"啊，我真痛苦啊！"圣保罗哀求道，"谁能救我脱离这具使我死亡的肉体呢？……看来，我的内心顺从上帝的律法，肉体却顺从罪的律法。"圣保罗关于身体是邪恶的和对身体行为要加以克制的论调在西方人的心灵上留下了不可磨灭的印记。然而，圣保罗（我们的老师也同样如此）也是他自己的教育和文化的产物——比圣保罗早了大约 500 年的柏拉图，也在他的《斐多篇》（ *Phaedo* ）和《理想国》（ *Republic* ）中表达了同样的情绪，这种情绪在柏拉图主义和新柏拉图主义传统中将一直延续下去。

苏格拉底曾幽怨地说："只要我们不脱离肉体，我们的灵魂就会被不完美的肉体所玷污，我们就会迷失在对真理的追求中。""我们的肉体被情爱、欲望、恐惧、各种幻想和大量的废话所充斥，使我们根本没有做任何思考的机会。"对苏格拉底来说，他是满心喜悦地喝下了那杯毒酒，盼望着离开人世的幸福时刻，之后，他那不朽的灵魂就能继续做真正重要的事情了。

无论我们的现代理性多么希望摆脱"心灵/肉体"或"灵魂/肉体"的二分法，这种深层次的文化制约都将我们紧紧束缚，尤其是过去 300 年的物理学一直支持着它。在 17 世纪，笛卡尔以新的力学概念（包含质量和物质的新力学）为基础，用最简洁有力的方式将二元论表达了出来，此后，哲学家们一直徒劳地试图论证任何可行的替代方法。普通人也在同样的问题中挣扎着。从本质上来说，我们的日常生活都是牛顿式的，在我们的观念中，物质是什么，肉体也必须是什么，没有什么明确的办法可以让我们了解心灵到底是什么东西。

　　牛顿物理学采纳了古老的柏拉图和基督教的观念，即物质是某种"基本的、惰性的、无定形的、'丰满的'"东西，并把这种观念发扬光大了。物质是有重量且能延展的，它本质上是原子的，由微小的颗粒组成，这些颗粒的行为就像一堆碰碰球那样。因此，物质又是坚固的，是通过机械碰撞来影响其他物质的；而且最重要的是，它们都是没有意识的，是与过去的历史毫无关系的。

　　物质是没有目的或意图的。就像早期的希腊原子论者所说的那样，不存在有欲望的原子，不存在有生命的原子，也不存在有灵魂的原子，因此，17 世纪的新物理科学对心灵或者说对生命的精神层面没有任何论述。物质世界被认为是与精神世界对立的，反过来，精神被视为非物质的。为了描述这两个截然不同的领域，出现了两个对立的范畴，即使是今天，在大多数情况下我们仍然坚持着这种观点，并体现在我们认识自己的方式上。

　　我们的心灵是隐秘的，它既无处不在又无处可寻，不受物理测量的影响。我们能说我们的头颅宽 8 英寸[①]、重 3 磅[②]，但我们无法说心灵宽 8 英寸、重 3 磅，我们也没办法像看到一只胳膊或一条腿那样看到或允许别人看到我们的心灵。我们的心灵充满了希望和恐惧，被欲望和期待所驱使，专注于追求目标；我们的身体则完全是物质的东西，它的行为举止是机械式的，与汽车和水龙头无异。

　　我们的思维是同记忆交织在一起的。我们的身体（除了技能）忽视一切，只能感知瞬间的事情。我们的思维是整体的，似乎是从"某个地方"整体浮现出来的；然而我们的身体显然是由独立的原子组成的，这些原子依据物理学和化学定律关联在一起，每个原子都不关心自身的来源，并随时可以被另一个同类原子所取代。"因此，一个活的人体可以由足够数量的任何东西构成——书籍、砖头、黄金、花生酱、一架三角钢琴。其基本的组成成分只需要适当地排列。"托

---

① 1 英寸 ≈ 2.54 厘米。——译者注
② 1 磅 ≈ 0.454 千克。——译者注

马斯·纳格尔如是说。但对于心灵，我们绝对不会那样说。

美国哲学家赫伯特·费格尔（Herbert Fiegl）将这些对立的特征列在了一张表格中，划分为精神的和物质的两个部分（见表 7-1），并且非常正确地指出，这些显然不可调和的特征是哲学家们所说的"精神/肉体问题"的核心。对比的反差如此之大，难怪二元论把所有人都束缚在了它的魔咒里。现有的一些替代方案似乎同样不能令人满意，或者根本不可行。

表 7-1　　　　　　　　　　　　　精神和物质对立的特征

精神的	物质的
主观的（隐秘的）	客观的（公开的）
无形的	有形的
定性的	定量的
主动的	机械的
有记忆	无记忆
整体的	原子的
浮现的	组成的
有意图的	盲目的、无意图的

资料来源：表改编自费格尔的《心灵的和物质的》（*The Mental and The Physical*）一书。

我们以唯物论为例来了解一下：唯物论认为现实的物质层面是真实存在的，而任何心灵或精神层面的东西要么完全依赖物质的存在而存在，要么根本就不存在。对唯物主义者来说，笛卡尔声称的有关心灵的"非广延思维实体"是不存在的，也不存在天使、神明、精灵或不朽的灵魂。唯物主义者说，某种物体的存在必须表现为实体，而实体是有形的，有形的实体是由物质构成的，而物质又是由原子构成的。因此，我们所认知的"自我"，其实就是许多原子简单地聚集在一起的结果。我们就是我们的身体，我们的思想仅仅是各种原子或神经过程的反映。

唯物主义的这种思想由来已久，源于一种愿望，即既要简化我们对自然的描述，又要使人类摆脱被许多人视为宗教迷信和令人恐惧的东西。随着现代科学的兴起，以及由此引发的认为新物理定律能够解释一切的高涨热情，使得希望能用一种统一的方式来解释所有事物（包括我们自己和我们在宇宙中的位置）的愿望变得特别强烈。但是，由于我们对物质的理解是后笛卡尔主义式的，即在物质的定义中排除了精神的因素，于是这种想通过与物质实体热恋的方式来拥抱科学观的做法，导致了对我们人性的否定，对大多数人认为的我们人性中最美好和最有趣的一面的否定。由此看来，简单粗暴的唯物论是根本无法解释意识的。

在心灵与肉体的问题上，唯心主义的观点与唯物主义的观点是完全对立的，一些唯心主义的哲学家对精神依赖于物质而存在（或根本不存在）的论点提出了完全相反的观点。他们认为精神才是世界的本源，是精神引发了甚至在很大程度上创造了我们所能感知到的所谓物质。因此，对于唯心主义者来说，精神是真实存在的，而肉体只不过是精神中的诸多印象或概念。

唯心主义的论点有多种形式，从最极端的类型，即认为物质世界是由想象力虚构出来的，到比较谨慎的类型，即仅仅认为物质世界中所有能被感知到的特性都取决于精神，而物质本身就是某种意义上足够真实的存在。有关这个论题的一些另类解释则来自量子理论，那些解释认为，意识能使波函数坍缩，因此意识是创造现实世界所必需的；那些解释还认为，在我们的观察之外不存在任何物质，因为所有的观察结果都在我们能了解的范围内。

不管唯心主义变换成什么样的形式，都与我们对客观世界的经验和直觉相悖，不适合被用来探究客观的科学真理——它会使时下流行的量子物理学产生出新主观主义。而新主观主义学说无法满足人们想要理解真实心灵与身体之间关系的愿望。

由于唯物主义和唯心主义似乎都不能很好地应对身心问题，所以一直以来都存在着第三种应对这个问题的传统方法，即泛灵主义。如果说没有心灵的肉体是非常野蛮的，而没有肉体的心灵又是非常虚幻的，那么也许肉体与心灵真的无法分割。也许精神真的是物质的一个基本属性，或者反过来说，物质是精神的一个基本属性。也许宇宙中本原的、基础的"材料"就是一个拥有两张面孔的"东西"。

我们在讨论电子可能拥有意识时，已清楚地看到，从人类开始记录自己的思想那一刻起，各种泛灵主义就一直吸引着哲学家和科学家们的注意力。它影响了像巴门尼德、赫拉克利特、斯宾诺莎、怀特海德和玻姆等人的思想，尽管这些人彼此之间毫无关系。泛灵主义的吸引力，就像唯物主义的吸引力一样，在于人们希望找到一种统一的实体，以打破将世界划分为精神与物质两个方面的僵局。与唯物主义或唯心主义不同的是，泛灵主义试图在不否认任何一方都是现实的前提下做到统一。

有限泛灵主义将一些非常原始的意识属性与物质的基本成分联系起来，这种泛灵主义与本书中展开的论点最为接近，但我在本书中所说的泛灵主义与更加传统的泛灵主义之间存在着重要区别。

发展至今的任何形式的泛灵主义，都没能触及身心问题的真正核心。尽管我们说心灵和肉体在本质上是相互缠绕着的，因为所有组成肉体的物质都拥有精神属性，但我们还是不了解精神属性到底是什么东西，物质又是如何拥有它们的。从这个角度说，传统的泛灵主义仍然没有解决身心问题，而只是把身心问题又推回到现实的更为基础的层面（电子层面）上。在这个层面上，如果电子是有意识的，我们就不得不说它们也会遇到身心问题。

迄今为止，当试图让任何解决身心问题的泛灵主义方案听起来具有说服力时，几乎任何形式的泛灵主义都陷入了尴尬，无法令人信服。我们在讨论基本粒子的意识问题时，即使一再声称基本粒子都是"非常原始的""基本的"或"最初级的",人们还是会不由自主地想象出电子坠入爱河的画面,或者担心它们在下一次双缝实验中是否会表现不佳。

这种尴尬局面让许多人觉得自己必须向公众表达歉意,正是因为他们拿不出更好的理论,导致泛灵主义得以传播。人们经常提到费格尔的一句话:"如果你给我两杯马提尼酒、一顿丰盛的晚餐和几杯餐后饮品,我会承认我对(一种打了折扣的、无害的)泛灵主义有着很强的倾向性。"

虽然烈酒入肠后能使大多数问题变得更容易忍受,但却不能解决那些问题。当清醒过来时,头脑中留下的仍然是那个以新的形式出现并撞击着现代感情的泛灵主义观念,它比二元论、唯物论和唯心论强不到哪里去。所有解决精神/肉体问题的传统方法都有严重的错误,因为它们最终都依赖于过时的物质概念,或者它们没有看到任何更新的概念,即那些来自量子物理学的概念,能对以下内容做出充分的解释:我们生理(客观的)大脑中发生的任何事情都可能导致出现与(主观的)心灵相关的所有精神特征。身心的问题看起来实在是太大了,竟然使一些现代哲学家们断言根本找不到解决办法。牛津大学的柯林·麦金(Colin McGinn)就说过:"大脑可能只是不够大,所以无法理解心灵。"

我们可以更乐观地说,这个问题可能只是需要一种非常不同的方法,一种把对物理学的最新理解与我们对意识的物理现象的推测结合起来的方法。如果我们把从量子理论中产生的物质概念与意识本身的量子力学模型结合起来,那么对整个心灵/肉体关系的"感觉"就会发生根本性变化,这样做的结果是:既阐明了量子现实的真正的两面性,又阐明了意识的含义。

只是我们必须记住,量子级别的物质,不是很"物质性",所以它也就不是笛卡尔或牛顿所认为的那种物质。这些量子物质(电子和光子、介子和核子)并不像碰碰球那样靠外力或相互碰撞产生运动,而是拥有许多活跃的关系模式,它们用难以捉摸的双重生命来逗弄我们:它们一会儿是位置,一会儿又是动量,一会儿是粒子，一会儿又是波，一会儿是质量，一会儿又是能量——所有这些表现都是它们对彼此和对环境的响应。

存在和关系在量子领域中是不可分割的，这与它们在日常生活中是不可分割的一样。它们是量子硬币的两面，本质上具有我们所说的波粒二象性。就像精神和肉体是我们人类存在的两个方面一样，我们发呆时的潜意识和集中精力思考时的状态也是我们精神生活的两个方面。

用波粒二象性来隐喻一个高度协调的精神 / 肉体的关系再贴切不过了，但考虑到意识本身就来自大脑中的量子系统（它的玻色 - 爱因斯坦凝聚态），来自量子系统中虚拟光子之间关系的有序相干性，那么波粒二象性的隐喻就远远超出了一般的隐喻作用。量子"材料"拥有的波粒二象性成了世界上最基本的身心关系，而这一切的核心就是我们从更高层面看到的生命的精神和肉体的两个方面。

因为波粒二象性是最基本的特性，不能再拆分为任何其他事物或过程，因此波粒二象性能让我们看清楚精神和物质的本源，看清楚我们所说的精神和物质是什么意思。

在任何由两个或两个以上粒子组成的量子系统中，每个粒子都同时具有"物质的面孔"和"关系的面孔"，前者展示了它的粒子特性，后者展示了它的波动特性。正因为量子系统具有波动特性，所以它的组成成员之间存在着一种亲密的、确定的关系，而这种关系在经典物理系统中是找不到的。

例如，假如我们有一个盒子，里面是一堆可以相互撞击的碰碰球，那么这堆碰碰球之间存在着某种确定的关系。它们可以通过相互碰撞来改变彼此的位置和动量。但它们所占据的位置是决不允许其他球来共享的。在重力的作用下，它们会相互吸引，如果能携带电荷，它们可能也会相互拉扯或相互排斥。如果在它们当中，出现了一些个头更大、弹力更强的霸王球，那么霸王球就可能会去支配那些个头小、弹力弱的球。

然而，这些关系都只是外部关系。这种外部关系能够影响球的行为，但不能改变球的内部性质。不管如何相互碰撞，它们始终都是圆形的、有弹性的、完全独立的球，并且每个球都会一直保持着自己的质量、位置和动量。

如果在盒子里相互撞击的是一群电子，那么它们之间的关系与碰碰球之间的关系则完全不同。由于电子本身既是波又是粒子（同时存在），它们的波动特性会让它们相互干涉、重叠和合并，使得所有电子都被拉进一种生态关系之中。在这种关系下，它们各自的内部特征（它们的质量、电荷和自旋，以及位置和动量）再也无法从这种关系中区分出来。所有的电子都受制于这种关系，它们不再单个存在，而是成为一个整体中的一部分。这个整体将拥有确定的质量、电荷、自旋等，在这个整体中，个体电子都贡献了哪些特性是完全无法确定的。事实上，再去谈论整体中的电子的个体特征已经没有意义了，因为这些个体特征一直在不断地削弱和改变，以满足整体的要求。

这种类型的内在关系只存在于量子系统中，并被称作"关系整体性"。为了更好地理解关系整体性，让我们设想一个更日常的例子。我们同时抛出两枚硬币，假设硬币落下的结果总是一个正面和一个反面。在这个例子中，硬币的哪个面会朝上是无法确定的，能确定的是两枚硬币最终的结果一定是一个正面朝上和一个反面朝上。于是，我们说这个硬币系统是负相关的。不过，这个系统并没有指定硬币掉落的方式，而仅仅是把硬币拉进了一种负相关的关系之中。

这个硬币的例子与前面（第 2 章）讲过的量子船夫的例子非常类似，量子船夫的例子讲的是他们在时间上存在着这样一种相互关系，即他们总是能够使用对方未曾使用过的船。我用这两个日常例子隐喻的是真正的质子相关性实验，量子的非局域性就是被质子相关性实验首次证实的。在那个实验中，两个质子的自旋都是负相关的，即使如此，我们也不能断言质子本身具有固有的自旋特性。

这种量子关系是非常重要的，因为它把最初分离和独立的东西聚集在一起从而创造出了新的东西，就量子关系本身而言，它也为物理学的哲学展现出了新的未来。但它的重要性远远超出了物理学的范畴。

我相信这种关系既揭示了生命的精神方面的本源，也揭示了生命的精神方面的含义。

我这样说的意思就是，意识或精神是存在的最初级阶段，是一种活跃的关系模式，是波粒二象性中波动性的一面。正如生命的生理方面（肉体）来自波粒二象性中粒子性的一面（见图 7-1），这样解释也许更容易理解。把意识定义为一种关系，这种从本质上做出的定义可以应用于并且被发现很适用于意识的所有层面和程度。

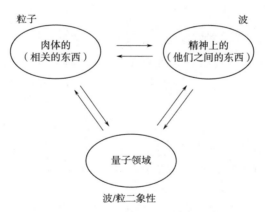

图 7-1　波粒二象性与精神和肉体的关系

意识起源于我们自己的大脑，在我们所能理解的意识的层面上，量子的"关系整体性"大概就来自大脑中强大电磁场的波动关系，这种电磁场是由神经元细胞壁中带有电荷的蛋白质分子或脂肪分子的振动所产生的。它们的关系会产生类似弗洛利希式的玻色－爱因斯坦凝聚态，[①]这是世界上最有序的关系形式。我们的

————————————

① 这是一种存在于组织中的玻色－爱因斯坦凝聚态。

意识统一就来自这种状态，这种状态就像一块"黑板"，我们所有的思想、情感和知觉都被写在了上面。

这种看待意识的方式很吸引人，因为它能告诉我们关于人类在事物发展进程中所处位置的一些重要信息。从原则上讲，存在于人脑中那些相关波型之间的关系与存在于简单量子系统中两个质子或电子相关波型之间的关系是相同的。因此，把我们的意识看作量子系统中基本粒子之间的关系具有重要意义。

通过对人类意识的量子力学本质的理解——将意识看作一种量子波动现象，我们就能够在关于粒子的物理学中追溯我们精神生活的源头，就像我们寻找肉体存在的源头一样，是完全有可能实现的。人的精神 / 肉体（精神 / 大脑）二元性正是量子波粒二象性的反映，而波粒二象性是一切存在的基础。从这个意义上讲，人类就是宇宙的一个微小缩影。

我们人类本质上都是由同样的材料构成的，由同样的动力学维系着——这里的动力学与解释宇宙中其他一切事物的动力学一样。同样地，宇宙也是由同样的物质构成，由同我们一样的动力学维系着。这样的认识会给我们带来深远的影响。

用这种方式解释意识（如同量子波动力学使一种特殊的创造性关系成为可能一样），可以帮助我们更好地理解意识本身、理解意识与物质的关系，比如意识与我们大脑中物质的关系。

最重要的是，如果我们想要反驳唯物主义及其还原论的思想，这种深刻理解使我们能够证明，心灵不仅仅是大脑功能的某个衍生物。就像两个电子的波函数重叠后，它们之间的关系不能还原为两个电子各自的特性一样，构成意识的玻色 – 爱因斯坦凝聚态的波之间的关系也不能还原为个体振动分子的活动。我们并不是我们的大脑。

凝聚态本身是一种新事物，这一新事物所拥有的特质和属性，在构成它的组成部分中是找不到的。正如柏拉图在《蒂迈欧篇》中所说的：

> 两个物体之间如果没有第三个物体的参与，就不可能很好地结合起来，因为两个物体之间必须有黏合剂才能结合在一起。那么最好的结合就是黏合剂本身与被黏合的物体成为完全意义上的统一体。

他在《会饮篇》（*Symposium*）中也提出了类似的观点：相爱的两个人之间还有个第三者，那就是他们之间的爱情。马丁·布伯（Martin Buber）称之为"区间"，是一种把一个我与一个你拉进一个我 – 你的结合力。

用爱情来说明关系整体性是非常恰当的，还有其他一些类比也有助于我们熟悉这个概念。

我们以国际象棋为例。它的"分子"、它的"大脑中的物质"，就是棋盘和32个棋子。但就国际象棋本身而言，它并不仅仅是这些木雕的棋子，还包括游戏规则和各种关系的转换模式，包括棋子之间的关系以及移动棋子的棋手们之间的关系，包括棋手们的计算和他们之间的心理战术，也正是这些因素赋予了国际象棋意义。

接下来，让我们看一下梵·高的《农鞋》，这幅画的价值在于它提出了艺术及其意义的全部问题。这幅画的画布是一块帆布，用油画颜料涂满了色块，但是我们每次看到这幅艺术作品时都会惊叹不已，不是因为它能还原为画布和色块，也不是因为它能还原为梵·高作画的目的和意图，甚至不是因为它能还原为梵·高的生活史。这幅画作本身就是一个事物、一个整体，它揭示了一个从未被揭示过的世界，通过把鞋子和穿鞋子的农民、他的劳动和他耕种的土地以及土壤和大地所代表的一切结合（关联）在一起，为我们揭示出了一个世界。德国哲学家马丁·海德格尔（Martin Heidegger）在他的美学论文中将这种整体性与对真理和存在的揭示联系了起来：

> 梵·高的画作表现出了真实性。这并不是说他把某些东西精准地描绘了出来，而是说他在揭示鞋子状态时，整体上达到了不隐藏……

　　<u>存在</u>的本质就是不隐藏真相。

　　关系整体性是意识的本质（它的相干性），也是艺术与真理的本质。而这种整体性与物理世界之间的联系（也就是心灵、真善美与物质世界之间的联系）最终在追溯到波粒二象性中每一种特性的起源时，我们就能明白了。波动特性和粒子特性在最初阶段是不可能还原为彼此的，它们同生同在，是不可分割的共同体。正如罗马哲学家卢克莱修（Lucretius）所说的：

　　　　因为这两者是由共同的根连接在一起的，如果没有明显的灾难，它们是无法分开的。就像我们可以很容易地从香块中提取香味而不破坏它的性质一样，思想和精神也可以很容易地飞离身体而不需要把身体分解开来。因此，思想和精神从最初的起源开始，就被组成它们的<u>相互纠缠的原子</u>赋予了共同的生命……正是通过这两者结合后的相互作用，我们的身体才点燃了知觉的火焰。

　　卢克莱修相信精神是由"精神原子"组成的，因此他被视为传统意义上的唯物论者，但如果他的"精神原子"一说被直接翻译成"精神之波"（关系），再如果他知道量子物理学和波粒二象性，他对精神和肉体这种微妙的相干性的强烈信仰就会和本书中所展示的一样。如果今天的唯物主义者们对现代物理学的发展有更多的了解，他们也许会有类似的转变。

　　还有一种观点认为，意识是一种量子关系，它在任何情况下都不会像许多泛灵主义者所主张的那样成为物质的"属性"。我们不可能像追溯物质的一个<u>基本粒子</u>的存在那样去追溯意识，因为意识是两个或多个粒子之间的关系。意识在本质上是一种动态的相关性，它只能在至少两件事情同时发生的时候才会产生，因为"一个巴掌是拍不响的"。

　　因此，这个世界上可能存在的最基本的心理形式，就是那些非常原始的意识，这些原始意识与两个<u>波函数</u>间重叠的粒子相关联。高于这种基本形式的任何事件、意识状态和复杂性，都要依赖于关系的许多类型和复杂性，而关系本身又依赖于结构的许多类型和复杂性。因此，我们人类意识在本质上与更初级的生命形式的意识或基本物质的意识没有什么不同，但在等级和复杂性上是不同的。

最后也是最重要的，我们不禁要问：原始的心理属性是与波函数重叠了的所有量子系统相关联，还是只与某些特定类型的量子系统相关联。为什么只有生命系统被赋予了意识，抑或这种想法只是我们的偏见，让我们对周围一切事物的精神生活视而不见？

事实上，自然界中存在着两种类型的基本粒子：费米子和玻色子。费米子就是结合在一起成为物质的一种粒子，像电子、质子和中子属于费米子，它们在本质上是不合群的。它们的波函数会产生部分重叠，但永远不会完全重叠。从某种角度上来讲，它们总是在单打独斗。

相反，玻色子是一种相互关联的粒子，像光子和虚拟光子、正负 w 粒子和中性 z 粒子、胶子和引力子（如果存在的话）都属于玻色子。它们是一种能把宇宙凝聚在一起的粒子（见表 7-2），在本质上是喜欢"社交"的。它们的波函数可以完全重叠，从而使它们可以身份共享，并放弃拥有任何个性。

表 7-2　　　　　　　　　玻色子如同自然界中"关联粒子"的纽带

力的类型	作用	玻色子
电磁的（我们所认识的与日常生活相关的力）	将电子与原子结合；负责某些化学键；存在于所有活组织中，能否让意识成为可能	光子、虚拟光子
弱原子能的	把细胞核结合起来	中性 z 粒子、正负 w 粒子
强原子能的	把夸克结合在一起形成粒子（3 个夸克产生一个质子或一个中子）	胶子
重力	把宏观物体聚集在一起（因此把宇宙凝聚在一起）	是引力子吗

　　玻色－爱因斯坦凝聚态是一种为意识统一而建立的最高程度的关系。之所以被称为玻色－爱因斯坦凝聚态，是因为它是由玻色子组成的——在一个活体组织的弗洛利希式系统中，玻色子是由虚拟光子构成的。但是，如果意识统一的前提是各个组成部分的波函数完全重叠以便共享身份，那么似乎只有成对的玻色子（或更大的玻色子系统）才能与原始心理状态发生关联。因此，生命系统的特殊之处（尽管不是唯一的）在于，它们有支持玻色－爱因斯坦凝聚态的能力，以及由此产生的心理现象。

　　然而，这样也不能将物质世界明确地划分为"原始意识"部分和"非意识"部分，因为在某些情况下，费米子也可以成对出现，然后结合起来，表现得就像玻色子一样。

　　实际上，把有机分子结合在一起的共价化学键就是建立在这种成对的电子性质上的。成对电子也赋予了超导体特殊的性质，就像氦－4原子核（成对质子对和成对中子）是超流体的主要成分一样。超流体和超导体，就像活体组织中的弗洛利希式系统一样，都是玻色－爱因斯坦凝聚态，如果与恰当的人工计算系统相结合，就可能产生一些有用的结构化思维。这可能是量子计算机的基础。

　　在正常情况下，费米子不受外界干扰，始终保持独立。费米子系统中出现的关系整体性（大部分日常的物质世界被关系整体性占据着）只是玻色子系统（粒子的身份是共享的）的极端关系整体性的第一个表亲，但它们之间有一个重要的区别。否则，物质世界与物质间的力就不会有任何程度的差异，精神与肉体也不会有任何程度的差异，世间万物也就不会是现在的样子了。

　　因为费米子们不可能一起走进共同的状态中（即共享身份），所以物质才能是确定的。物质的确定性依赖于费米子们不合群的特性。另外，因为玻色子们可以走入相同的状态，我们才会得到宏观世界中的波和作用力。但它们之间的区别也不是一刀切的。在适当的环境下，即使是最坚定的个人主义的费米子也会被拉入较深的关系当中，因为没有哪个隐居者能完全屏蔽掉来自社会的诱惑。

事实上，量子层面上的粒子和波之间的这种矛盾关系，似乎以一种有趣的方式反映了人类社会中个体与群体之间的类似关系，这也提出了一个完整的问题：我们的个体和群体认同（或叫团体同一性）的意义和性质是什么，它们的根源是否可能就在意识的量子力学本质中。

第8章

我是谁：量子身份

本章解释人格多样性与人格同一性的矛盾。"我"到底是谁或者是什么东西？是几十年前的那个人吗？我的存在或者说我的身份该如何确定？

经典科学理论无法回答这个问题。比如，二元论认为意识有自己的存在，与物质无关。可是裂脑实验使得一些哲学家认为"自我"等同于大脑机制，从而产生了虚无主义，同样无法定义自我的身份。从量子角度来看，"自我"类似量子特性，在一个"自我"中拥有多个相互矛盾的亚我，但能够统一在一个整体中。

量子记忆将自我的过去与现在重叠，使得"我"生命中过去的每个方面都仍然与"我"现在的一样，过去与现在不能分开，这就是量子自我，"我"是一个与物质（肉体）、历史、他人、自然界无法分开的拥有量子特征的存在。

从远方，穿越黄昏与黎明

伴随子夜之风，

编织我生命的材质被吹落至此

于是有了我的降生

A.E. 霍思曼（A. E. Housman）[1]

我的身体由曾经是星尘的元素组成，从宇宙遥远的角落里吸收来的星尘充实了我的肉体，无论多么短暂，我的模式都是独特的，我的灵魂都是一种可以在如此令人敬畏的起源中呼吸的东西。但是我自以为的这个"我"到底是谁，或者到底是什么东西呢？

此时此刻，如果我把注意力集中在自己身上，我会非常确信我是作为一个人而存在的，有一种东西被叫作"我"是没错的。因为这种东西有它自己的观点，有它自己的计划，还有它自己的人际关系。但我是根据什么来肯定这件事的，抑或我被一种错觉引入歧途，使我陷入了"自我幻觉"的陷阱中？在这个世界上，真的有"我"这样一种东西吗？

如果我真的存在，那么我有多少成分可以被称为"我"？我又是从哪里开始，

① 《西罗普郡少年》，第32篇。

在哪里结束的？

我与40多年前在母亲怀里的那个婴儿是同一个人吗？或者，我是那个每当听到有人叫自己的名字就羞得满脸通红的笨拙的十几岁女孩吗？我是12年前结婚的那个年轻女子吗？当时的她对婚姻的承诺和亲密关系知之甚少，也不知道生儿育女会是什么样的感受。甚至，我还是昨天晚上睡在床上的那个人吗？那个人曾把我的意识和我的一切都交给了沉睡中的漫漫长夜。

大多数人都会针对我们自己或者我们所知道的人反复提出这类问题，这通常发生在人生的转型期，如要离开家、要大学毕业或者要结婚时。我们尽我们所能来回答这些问题，但是用了一系列相互矛盾的语句，掩盖了民间智慧中潜在的模糊性。

一方面，我们会说"我跟以前不一样了""不再做那些事了""不再喜欢那些东西了""不再那样讲话了"；另一方面，我们会说"他与过去的他只有一半相似""我实际上没有变""我永远都是我""我还是原来的我"。

哲学家们也会提出这类问题，但他们的职责就是面对大众所讲的那些矛盾说法。他们在面对这些矛盾说法的时候，会发现人的存在与身份的确是一个非常重大的问题。鉴于我们这个时代的科学已经被广泛接受，因此这不该再成为问题。

比如，如果人是真实存在的，那么是什么东西把他们维系在一起的？每个人都是由数以亿计的细胞组成的生物体，每个细胞在某种程度上都拥有自己的生命。仅在我们的大脑中，就有大约100亿个神经元为我们丰富多彩的精神生活做出了贡献。另外100亿个左右的细胞维持我们心脏的跳动，同样数量的细胞又构成了我们的肝脏，依此类推。这么复杂的细胞群体，如何变成了一个整体的我们？也许，确实如一些哲学家怀疑的那样，我们是否真的存在？

人的统一性或者人所假定的统一性，与更基本的意识统一性面临许多相同的问题。尤其在我们接受了这样一个事实，即我们的人格至少在某种程度上取决于我们大脑的结构和功能时，这就使得任何传统论证方法都面临着与意识统一性相同的难题。如果我们的大脑是由那些海量的神经元构成的，那么"一个完整的大活人"是怎么形成的？这样一个人到底有多么结实，或者说有多么基本呢？

在已知科学理论的基础上回答这个问题显然是不可能的，因为二元论的影响深远。二元论认为精神、灵魂或人类有它们自己的存在，只不过是被包裹在肉体内或者"附着"在肉体上。然而就在最近，针对裂脑手术效果的研究，研究者已经对试图将人与大脑分离的任何理论提出了基本上无法驳斥的反对意见。

在一些非常严重的癫痫病例中，医生发现通过切断患者大脑皮质两个半球之间的桥（即胼胝体），就可以减轻患者的痛苦；也就是说，将人脑的大部分区域分成了两半。多年来，这种手术似乎没有特别令人不快的副作用，但是做过这种手术的人后来在心理实验室接受心理测试时，医生们却得到了惊人的结果。正如一位外科医生所说的，大脑的分裂直接导致了人格的分裂——曾经只拥有一个意识领域，现在拥有了两个。

大脑皮质的每一侧，即我们所说的每一个半球，都有自己的一套非常特殊的功能。右半球主要控制着身体的左半部分，是空间想象力的中心，它更具音乐性和直觉性；左半球主要控制着身体的右半部分，它的逻辑性更强，计算能力更强，是语言的唯一中心。在正常的大脑中，两个半球互传信息，从而成为一个协调的单元，但在它们被手术切开后，就失去了这种协调能力，于是出现了右手不知道左手在干什么的情况。

一个参与裂脑实验的人，如果在他的左视野中看到了一些物体①——这一侧不再与左半球的语言中枢相连，他会坚决否认他看到了任何东西。如果让他每只手上都拿着相同的物体，他将无法判断出它们是否相同；如果要求他拿起一个放在两手之间的物体，他就会和自己进行一场拉锯战，因为左右大脑半球都在努力

---

① 在这类测试中，人的左右视野被人为隔离，因此正常的眼球移动无法帮助大脑协调信息。

地独立地、执行着这一命令。

两半大脑以某种方式导致了两个自我的产生，每个自我都有自己的信息来源，并被自己的使命感所驱动。或许更令人吃惊的是，当实验的约束条件被取消时，这两个自我可以再次联合起来形成一个协调的自我。通过脑干，使两个被切开的半球之间有足够多的次级连接，在视觉刺激区域没有被人为分开的情况下，它们能够以某种方式协调一致地工作。

裂脑研究给我们描绘了一幅这样的画面：一个自我可以被分成两个自我，然后在合适的环境下重新结合在一起。一个人可以时而变成两个人，时而又变成一个人。这些事实对人格身份（或者叫人格同一性）的全部问题具有非常重大的影响，它使我们必须重新审视我们曾经具有的对自己人格意义的观念。

对一些哲学家来说，这些事实就是必要的证据，证明了自我不仅可以完全归结为大脑的机制，更重要的是，各种大脑状态的存在和其连续性就是自我的最初的全部含义。裂脑手术的例子强调了在极端情况下，自我似乎只是两个亚我之间的协作，因此对于普通人来说，其统一，即我们认为的思想的统一，用托马斯·纳格尔的话来说，就是"把大脑全部的功能整合类型——列举出来而已"。他补充说：

> 也许将来有一天，当对人的控制系统的复杂性了解得越来越清楚、当我们不再确信我们是某些重要事物中的一部分时，一个单独的人这一普通而简单的概念，就可能显得非常离奇古怪。

牛津大学的德里克·帕菲特（Derek Parfit）或许是研究人格同一性问题的在世的最重要的哲学家，他甚至比纳格尔说得更直白。他说：

> 根据我们现在所掌握的知识，我实际上是我的大脑。因此，从这个角度来看，我本质上就是我的大脑……个人身份（个人同一性）并不重要。个人身份只是包括了某些类型的联系和连续性。

　　我认为自我是一个潜藏着的人，这个想法只是一种幻觉。个人身份是不存在的，也没有"更深层的进一步的事实"能证明存在着一个持久的我，"我"这个事物根本就不存在。

　　在某种程度上，帕菲特对持久的个人身份的否定态度，使人联想起欧洲大陆的存在主义者类似的否认态度，特别是海德格尔和萨特，他们对自我做出这样的结论：自我的中心只有一片空白（"我是虚无的空基底"），这个观点对现代哲学中的虚无主义思想影响很大。

　　帕菲特本人赞同佛教徒的生命观和自我观。由于最初受到了裂脑研究的启发，他觉得他对个人同一性的论点的抵制把他从自我的牢笼中解救了出来：

　　　　当我过去相信我的存在是一个事实时，我似乎被囚禁在自我之中。我的生活犹如一条玻璃隧道，我在隧道中一年比一年快地穿行着，而隧道的尽头一片黑暗。但当我改变了我的观点时，玻璃隧道的墙壁就消失了。如今我在露天活着。

　　帕菲特的这种态度很像那些量子物理学作家的——弗里兹霍夫·卡普拉、加里·祖卡夫（Gary Zukav），他们都赞成佛教的物质观，并希望把我们从粒子的牢笼中解救出来。祖卡夫认为：

　　　　光子本身并不存在。所有独立存在的事物都是一个完整的整体，它以关系网的形式（更多的模式）呈现给我们。以个体形式存在的实体是理想化的事物，是由我们创造出来的相互关系……新物理学听起来很像古老的东方神秘主义。

　　不过我想说，过于努力地寻找现代物理学与东方神秘主义之间的相似之处，会扭曲我们对物质的认知，就像过于信奉个人同一性的观点，会扭曲我们对自我的认知一样。两者都表达了一种想要超越事物和自我分离的愿望，就像亚瑟·洛夫乔伊（Arthur Lovejoy）在他的《存在巨链》中所说的："一种对事物外在性的情感反叛……一种卸掉自我意识重负的渴望。"然而，他们都没有把现实和人类存在的完整性考虑进去。

当"所有独立存在的事物都是一个完整的整体"时，当所有的事情都是可能的、所有的事情都是真实（和不真实）的时候，这个时刻就是降生之前的时刻。它是一个时代即将开始之前的一段时间，是一个没有历史、没有选择、没有对立和冲突的世界。这是土著人的"梦幻时代"，是荣格的"衔尾蛇"[①] 或弗洛伊德的海洋感觉，是我们在母亲子宫里的生命时期。它是人类意识发展的一个阶段，也是每个个体意识发展的一个阶段。

在现实生活中，就像所有的创世神话一样，总有一个降生的时刻，或者用现代物理学的术语来说：一个量子波函数坍缩的时刻。

粒子确实是存在的，自我也确实是存在的。假如不存在，那么许多我们认为是理所当然的事情——我们的主-谓语逻辑关系的性质、我们的道德的整个基础，就应该不是现在的样子了。

使事情发生的是个体，无论个体是粒子还是人类，他们都要对所发生的事情承担责任。在微观世界与人类社会这两个极为不相同的客观存在中，个体都是事件和差异的关注焦点。就像我女儿在五岁时说的那句相当睿智的话："如果我们都是一个模样的人，我们就会很困惑，因为分不清谁是谁了。"是的，如果粒子都是一个模样，那么大自然也会很困惑。如果我们从量子的角度来看待自我，那么基本粒子领域的同一性（身份）本质就会告诉我们很多关于我们自己的更多的个人同一性（身份）的信息，尤其是自我可以被"分裂"的动力学原理。就像在裂脑研究中看到的那样，从某种意义上讲，自我被分裂后仍然是一个自我。

当然，分裂的大脑现象证明了自我不像笛卡尔所说的是一个永恒的、不可分割的整体，只有粒子才是牛顿物理学所假设的那样：像微小的、固体的、不可分

---

① 一种古老的统一和完整的符号，描绘了一条蛇吞食自己的尾巴。"我是 α 和 ω，即我是开头与结尾。"

割的碰碰球。此外，自我和粒子的状态都更不稳定，更"变化多端"。它们神出鬼没，时而独自生活，时而与其他自我或粒子结合，时而又集体失踪——用它们的舞姿和身影来逗我们玩儿。

我们大多数人都没有把大脑切成两半那样奇妙的经历，我们的经验通常是：在我们自己的内心里有一个自我，一些局部意识似乎会暂时从自己的主流意识中分离出去，或者对我们自己的整体方面甚至从来都没有看过一眼。

童年的痛苦经历会让我们带着成见看待现实，会影响我们对现实的反应，创伤性记忆会突然控制我们的意识，让我们陷入过去的事件中。我们的内心有着"传统性"的一面，会表现出穿传统服饰，坚持每天工作，有一个同样传统的朋友圈；而我们的内心也有"叛逆性"的一面，可能会表现出逃避责任，喜欢穿蓝色牛仔裤和黑色衬衫，结交各种古怪的、标新立异的朋友。当我们的这两方面特性交会时就会令人感觉非常别扭。

心理治疗师对自我的这些内部动态是非常熟悉的，他们会经常让患者在自己不同的亚我之间建立对话渠道，以便使它们更彻底地回归意识的主干流中[①]。没有一个心理治疗师会说，因为自我像是一所组合了不同豪宅的超大的房子，有了不同的外在表现形式，它就不再是原来意义上的那所房子了。这恰好说明，现在是时候采用新的术语来定义自我了，这些新术语在表达自我的组合性质的同时，不会否定自我的实质内容。那么，这样做的物理原理是什么呢？为什么基本粒子的物理原理能告诉我们更多关于这种自我的信息呢？

通过回答这些问题，我们可以第一次看到量子自我的轮廓，以及为什么它是一个革命性的概念。

基本粒子系统就像自我一样，是整体中的整体，或者是"个体"中的"个

---

① 这些对话涉及一个人自我特征的不同方面，特别是在格式塔治疗中，由弗里茨·波尔斯（Fritz Perls）发展而来。

体"。因为基本粒子系统中的成员们都是服从波粒二象性的，所以在任何时候，它们都同时具有波动特性和粒子特性。因为具有粒子特性，所以它们能够被"确定"下来而成为某种特定的东西，哪怕是很短暂的，或者是很有限的。因为它们还具有波动特性，所以它们能够通过波函数的部分重叠而与其他"个体"建立联系。通过它们之间的相互关系，通过它们的波函数的重叠，它们的一些特性融合在一起并产生了一个新的整体。

新"个体"的属性会受其整个关系中的"亚个体"属性的影响。然而，从各个方面来看，它现在的行为都像一个新的实体，具有自己的波动特性和依自身条件进一步发展关系的能力。这是"关系整体性"的概念，我在前面讨论关于我们的心灵与肉体关系时引入了这个概念。通过量子关系创造出来的整体本身就是一个新事物，这个新事物的整体大于其各个部分之和。

量子整合的过程是不会终止的，通过这个过程，新的更大的整体事物被创造出来。宇宙中的粒子哪怕是在无限远的地方也会与其他粒子在某种程度上相关联，从而创造出属于物理现实（physical reality）的完整的整体特性。但是这个完整的整体具有"颗粒"属性，对世界的现状来说，这种属性至关重要。这个完整的整体是由更小的整体组成的，而每一个更小的整体都在某种程度上保持着自己身份的各个方面的特性①。

我们在自己身上也发现了这些量子模式，这并不奇怪。如果人类意识的物理基础就是大脑中的一个量子力学系统（我们的玻色 – 爱因斯坦凝聚态），我们就可以认为，粒子系统的复合特性与人类个性的类似复合特性之间存在相似之处。这是因为两者的动力学原理基本相同。

我们的自我就像基本粒子系统一样，是对亚我进行部分整合之后的系统，而这些亚我在系统中仍然会不时地维护着自己的身份。伴随着玻色 – 爱因斯坦凝

---

① 这是因为物质世界是由费米子组成的，这些有点不合群的基本粒子永远不会完全重叠它们的波函数。

聚态内部模式（激发）的边界的不断移动与合并，亚我系统的边界也不断地移动与合并着。有时我们表现得更分裂——更幼稚或成熟、更传统或叛逆、更痛苦或平静，而有时我们则表现得更"团结"，自我能协调一致地把亚我更完整地结合起来。

量子人自己内部的自我也会不断地波动和重叠，有时更多，有时较少（每一个都是量子波函数），在任意时刻的重叠部分解释了我在那一刻的意义。"我"是我的自我之间对话的永远在场的见证人，是我的所有亚统一体中最高级别的统一体（见图 8-1）。这是在任何特定时刻对自我的最基本的定义——我的许多亚统一体中最高度统一的统一体。

由于意识的量子力学性质和量子统一体的关系整体性，这种不断变化的、复合的"我"不是虚无的，也不是幻觉。它永远不能被还原为仅仅是许多不同自我的一个集合，也不能被还原为许多不同大脑状态的一个集合。我既不属于叛逆的一面，也不属于传统的一面，而是这两个方面的拥有者。"我"也不是引发神经元细胞壁上的分子振动的各种大脑事件。量子系统是不能这样还原的。量子自我的统一体是一个有实质内容的统一体，是凭借自身能力而存在的某种独立的事物。

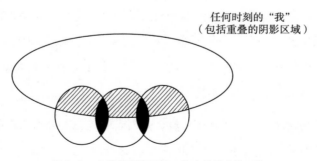

图 8-1　自我是所有亚统一体中的最高统一体

自我在任何时刻具有的力量大小，即我能给周围的环境或我与他人的关系带来认知和关注的多少，完全取决于那一刻的亚我（我的许多装着意识的口袋）在多大程度上是完整的。这是一个纯粹的能量问题，可以通过自我的物理学原理来理解。

为我们提供了意识的物理学基础的玻色－爱因斯坦凝聚态，产生于神经元细胞壁中分子的相关振动。这些分子的相关程度，以及由此导致的玻色－爱因斯坦凝聚物的相干程度，取决于在任何特定时刻注入大脑量子系统的能量。如果系统获得的能量较少，意识的统一性就不明显；如果有更多的能量注入，就会有更大的统一性。无论能量注入得多还是少，统一的可能性都是很大的。

举例来说，在睡眠中，大脑可用的能量非常少，自我只能以最初级和最散乱的形式存在，就算有自我，也是以梦境碎片的形式存在。有些人会做所谓"清醒"的梦，即在梦境中，有一个自我看着这些梦，并且知道自己在做梦。这是一个与普通睡眠相比，意识统一程度更高的例子。而在麻醉状态中，似乎根本没有统一性，因此也就没有自我。

当我们生病时，我们的精神能量就会减少，我们的意识统一性会比我们健康时的低，而且常常显得"木讷"或者"迟钝"。这时的自我处于"低调"状态（我们的神经元细胞壁分子以较低的振幅振动）。即使在健康的时候，我们所能聚集起来应对这个世界的自我（我们最高的统一性）的数量也会发生巨大的变化，这取决于我们自身内外是否有许多冲突分散了我们的注意力（会消耗我们能量的那些意识的口袋）。

从某种程度上讲，我们大多数人都是容易陷入冲突的人，这样的人有许多不完整的亚我，这可能是由于童年时期留下的痛苦记忆、不成熟的心性、从不同方向上发展起来的人格个性所造成的。他们的主体人格所能获得的能量（最高的统一）与那些更善于融合的人相比要少得多。有些人发展到了极端情况，就需要精神治疗师的帮助，因为他们不能"让自己振作起来"，他们有太多的精神能量被他们的亚我消耗掉了，以至于他们发现很难发挥自己的作用。[1] 另一种极端情况则是那些魅力非凡的人，在他们身上闪耀着相干性的光芒。

在这些术语中，相干性是非常典型的物理学词汇。一个具有相干性的人格是建立在大脑中一个相干性量子系统上的人格。例如，激光就比普通光更明亮，因为激光的相干性更强（它们也是玻色 - 爱因斯坦凝聚态）。出于同样的原因，一些有魅力的人会比其他人显得更加闪亮（见图 8-2）。在我们认识的人当中，我们注意到那些被问题和冲突压得喘不过气来的人（他们因此要承受注意力被分散的重担），有段时间似乎显得"阴暗"，但在他们解决了危机后，就会显得更加"明亮"。

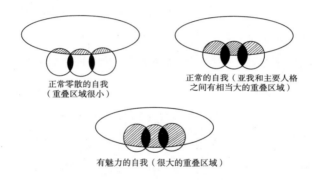

图 8-2　最高的统一区域（亚我的波函数重叠的程度）决定了自我在任何时刻的力量

因为量子系统总是在波动，它们的边界也总是在不断地迁移和改变，自我在任何时刻的相互协调程度也会随着时间的推移而改变。集中注意力的过程会将我们的精神能量集中起来，因此我们可以通过注意力的选择机制，把更多的能量引导到自我的某个特定方面，从而"点亮它"（让它的相干性更强），使其他的所有一切都退到幕后。有时，我们甚至会被我们的某个亚我"接管"，比如，当一个

---

[1] 根据这种解释，精神分裂症是一种基于大脑能量分配问题的疾病。

人与所爱的人争吵，处于气头上时，往往认为对方一无是处，或者一个因痛苦而沮丧的人会感到生无可恋。处于这种情况下的人，我们说他是"不平衡的"，用这个词来描述人格的量子动态是非常恰当的。

量子自我，还有我们用来代表自己的这个"我"，是足够真实的，但它也是时刻都在变化的东西，有着模糊的和波动的边界。我们可以讨论它的动力学，但我们无法确定它到底是什么，就像我们无法确定基本粒子的位置和动量一样。它有实质内容，但在很多重要的方面，那些实质内容却总是避开我们的视线。我可以比较肯定地说我就是它，但如果上述所说就是自我拥有的全部内容，那就很难说清楚我是谁或者我是什么了。

基本粒子的个性每时每刻都在涨落。我们可以在任何时刻谈论单个电子的各种特性（它的电荷、质量、自旋等），也可以在同一时刻分辨出一个电子与另一个电子（它们会处于不同的位置，或者拥有不同的动量），但它们没有恒久不变的身份，没有一个伴随它们一生的身份。它们今天确实是待在这里的，但可能明天就消失了。如果两个电子合并后再次分开，虽然还是两个独立的电子，但它们的历史记录被清除了。询问当初的张三、李四现在分别都是谁，已经不可能了，事实上也没有任何意义了。在这方面，人类与电子不一样，或者说我们绝大多数人与电子不一样。

电子或任何其他基本粒子，都是极为简单的东西。它们几乎没有什么特征可以用来区分彼此。最重要的是，它们没有记忆。这就是它们没有历史记录的原因。记忆是一种手段，我们用它来记录我们的经历，并携带着这些经历走向未来。没有记忆，我们过去的自我和现在的自我之间似乎就不存在任何关系。

从最简单的常识来说，我知道我是昨晚睡在床上今早又醒来的那个人，因为我记得我自己，记得我最近的大部分活动。我记得我的名字、我的许多经历、我的长相，以及我昨晚就睡在那张床上这件事。同样，我记得小时候经常和祖父去钓鱼，记得我曾在俄亥俄州托莱多市的某个小学学习，我曾在麻省理工学院学习物理，我曾在耶路撒冷有一个特殊的朋友圈等。通过这些记忆，我对自己有这样一种印象：我是一个跨越了多个时空的人，一个有着自己独特历史的人。

记忆有多可靠又有多重要呢？是历史给了我们一个真实的、不随时间而变的个人身份呢，还是说这只是一种幻觉、一个骗局，让我们相信曾经的自我、现在的自我和未来的自我之间存在着某种确定的关系，事实上却什么都不存在？

对于像德里克·帕菲特这样的哲学家来说，任何认为在记忆链条上有实质性内容的想法都是错误的。帕菲特是一个坚定的还原论者，他把自我和我们当前大脑状态的特征与动态混为一谈。"我就是我的大脑。"然而，大脑时刻都在变化着，处于不断的衰亡、发育、新原子替换旧原子的过程中，因此自我也在不断变化——不是生长，而是完全不一样了。

帕菲特认为，人类历史是一系列连续的自我链，每一个自我都是通过某种程度的"生理和心理的连通性"而偶然联结起来的。大脑不同状态之间紧密的神经系统连接，提供了生理的连通性，但这必定是非常短暂的，因为构成大脑的原子自身始终在不断变化。因此，由记忆提供的心理的连通性也同样受到这种飞速变化的影响。减少或破坏记忆，就等于减少和破坏我们自我之间的连通性。

从这个观点来看，记忆和自我是分开的，每一个后续的自我都是与所有之前的和之后的自我分开的。帕菲特在谈到他现在和未来的自我时说："如果我说，'那不是我，而是我未来的一个自我'，我的意思并不是说我将成为那个未来的自我，而是说，他是我较晚的一个自我，我也是他较早的一个自我。同时拥有这两个自我的隐藏着的人是不存在的（强调我的）。"

把记忆想象成串起连续的自我的一根链条，想象成一种大脑装置，这个装置可以记录今天大脑的状态并在明天给我们回放。的确，似乎没有什么实质内容会随着时间的推移而加入自我。然而，这种自我和记忆的整体观是非常不连续的、非常牛顿主义的，它把连续自我描绘成了像许多离散的粒子沿着时间大炮被发射出去一样（见图8-3）。对于那些用经典思维模式（因此也是还原论）来思考自我与大脑之间关系的人来说，这是唯一可用的方法；但如果从量子的角度来看待自我、理解记忆，整个场景就会发生根本的变化。

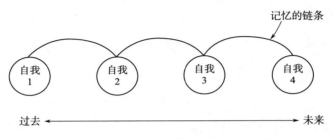

图 8-3　由记忆联结的连续的、牛顿式的自我

为了讨论量子自我及其与量子记忆（我这样称呼）的必要关系，不妨回顾一下图6-2，它展示了自我是如何从所有输入意识基态（我们的玻色－爱因斯坦凝聚态）的多种信息中浮现出来的。

图6-2中标有"意识的当前状态"的部分代表的是自我"现在"的状态。据心理学家所说，"现在"（威廉·詹姆斯的"貌似的现在"）是一个时间跨度，是任何事物能持续存在12秒的时间段，它也代表了我们的动态意识转化为一个统一整体所需经历的时间跨度。[①]

对于一个量子自我来说，"现在"是一个复合体，它把已经存在的（但不断波动的）亚我，即"现在"之前的自我和来自外部世界的各种输入信息（新经验）组合在一起，每一种输入信息都在意识的基态上形成了自己的波型——玻色－爱因斯坦凝聚态。每一时刻的个人身份都是由所有这些事物的重叠的波函数形成

---

① 我认为，值得注意的是，"貌似的现在"相当于玻色－爱因斯坦凝聚态（如激光束）的"相干时间"，用于系统本身产生自我干涉并维持相位关系的时间长度。这是另一个将意识与玻色－爱因斯坦凝聚态物理学联系起来的证据。

的，这些波函数会在凝聚态上产生波纹和图案，即我们的思想、情感、记忆、感觉等。

随着"现在"逐渐消失成为过去，之前的自我被记录在大脑的传统记忆系统中，并成为"过去的记忆"。它变成了一组新的神经元通路，而这些神经元通路反过来又能将能量模式反馈到凝聚态中。这就是我们所熟悉的记忆，就是帕菲特和其他哲学家所说的那种记忆。但是从量子的角度来看，我刚才的自我也被编织进了下一个"现在"中，编织进了未来的自我中，编织过程是通过自我的波函数与所有新的波函数的重叠来完成的，而这些新的波函数就是新经验产生的结果。在量子物理学中，粒子系统可以在空间和时间上重叠。

因此，我过去的每一个自我、每一个瞬间，都被带入下一个瞬间，并与所有即将到来的一切紧密相连——从传统记忆的角度来说，它既与旧的记忆相连，因为这些记忆被反馈回凝聚态中，也与新的经验相连。发生在过去与现在之间的这种持续不断对话的动态过程，与两个基本粒子的波函数重叠后形成一个新量子系统的过程非常相似。上述情况，最终形成了一个新的量子自我。

每时每刻自我的编织过程，就是过去自我的波函数与现在自我的波函数的重叠过程，这个过程就是我所说的量子记忆过程。它是我们过去、现在和未来的自我之间一个必要的、决定性的联结，并为我们提供了一个机制，通过这个机制，我们就拥有了一个能跨越时间的个人身份。从某种程度上讲，现在的我也是昨天的我，因为昨天的那个人已经融入我现在的生命。用量子力学术语来说，过去和现在已经进入了一种"相位关系"中，因为过去和现在都在意识的基态上产生了波函数（见图 8-4）。

量子记忆不仅仅是对事实、图像或经历的记忆。我们可以忘记所有这些，忘记我们的整个历史就像一些遭遇不幸的人所做的那样，而我们的量子记忆、我们与过去的对话，即我们的个人身份，对他人来说仍然是完整的、有效的。如果传统的记忆被破坏，我们就失去了记录新经验的能力，量子记忆过程就会被中断。

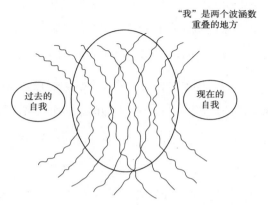

"我"是两个波涵数
重叠的地方

过去的
自我

现在的
自我

图 8-4　量子记忆：过去与现在进入相位关系

量子记忆通过常规记忆（我们过去的自我）被反馈回大脑的量子系统（见图8-5），
没有量子记忆的贡献，过去和现在之间的对话就无法继续开展。但在这种情况
下，自我不会完全消失，它的成长会遇到阻碍，它会被卡在时间的某处，但它仍
会留下自己的痕迹。

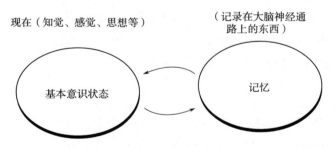

现在（知觉、感觉、思想等）　　　　　（记录在大脑神经通
　　　　　　　　　　　　　　　　　　路上的东西）

基本意识状态

记忆

图 8-5　传统记忆被反馈到大脑的量子系统

　　心理治疗师对量子记忆过程是非常熟悉的，大多数人对此可能会感到惊讶。
我们过去的各种亚我波函数能够与现在的自我波函数重叠，从而进入现在的自我
中，这就是心理治疗师们在治疗过程中运用的一种物理学方法。他们让患者在

"现在"时刻重温过去的经历，从而消除他们的孤立感、刺痛感，使他们能够走入现在时刻。这一精神分析的"洞悉"时刻（过去就是现在，过去与现在都发生了变化）与单纯的对过去事件的理智记忆是很不相同的。[①]

用量子术语来说，一个再现过去时刻的波函数与现在的波函数重叠，两者结合起来形成了一条新的前进道路。人一旦看到愿景，就会变得更具有相干性。

因此，通过量子记忆，我们可以把过去变成现在。我们让过去（所有过去的自我）重生，以一种新的形式赋予它新的生命。这就是心灵救赎和创造性的物理基础。这让我们对一些仪式的物理功效有了新的认识，在观察仪式活动的过程中，我们把通过仪式组织起来的过去，以及我们过去对仪式的所有观察，融入现在，并将它与我们现在的经验结合起来。通过观察仪式活动，我们再造过去和重温过去。

通过重温过去的时刻，量子自我在两个方面进行了创造：一方面，它使过去重生，赋予它新的生命和意义；另一方面，它每时每刻都在重新创造自我。

德里克·帕菲特是对的，他让我们看到，在旧的笛卡尔主义或牛顿主义中，持久的个人身份是不可能存在的。鉴于我们现在对大脑的了解，以及自我对大脑的依赖，我们已经不再可能把自我看作一个固定的、确定的、不可分割的、随着时间推移而保持不变的东西。然而，在放弃牛顿式的自我时，我们也并没有失去自我。

量子自我只是一个更加流动的自我，每时每刻都在变化和演化，时而分裂成亚我，时而重新组合成一个更大的自我。它起起落落，但在某种意义上始终是它自己。我就是那个在母亲怀里的婴儿、那个十几岁的少女、那个年轻的女子等，我生命中过去的每个方面都仍然与现在的我是一样的。我的再生的过去不能与我

---

① 尼采和海德格尔都提到一个"愿景时刻"，在这个时刻，过去、现在和未来都在一个创造性的瞬间结合在一起。

的现在分开，如同我的现在不能与我的过去分开一样。正如艾略特所说："过去的时刻和未来的时刻都是现在的时刻。"

这就是我作为一个人的个体或粒子的一面，是我身份的一部分，这部分穿越时间与自我对话。但我也是一个与他人有关系的人，在对自我的量子解释中，我的身份也由这些关系来确定。因此，要全面了解我是谁，还必须了解我的人际关系——我生命的波动性方面。

第9章

我的人际关系：量子亲情

我与他人的关系具有量子特性。

本章论证人际关系与量子波动力学之间的相似性，探索其中的物理学基础。解决如何看待和处理人际关系中的矛盾问题。

通常的二分法要么把自我视为全部，要么视为虚无。这两个极端观念导致自我与其他自我以及整个文化不是融合的，而是分裂与对立的。

建立在波粒二象性基础上的量子自我概念，将一切视为一个整体。个人与他人的关系，即"我"和"我们"之间不是非此即彼的，而是相互影响、彼此融合的，是一种量子式的亲情关系。量子自我的"粒子特性"使其具有重要的个体完整性，而它的"波动特性"使其可以与其他自我以及整个文化同时建立不可分割的关系。个体的粒子特性需要通过关系的波的特性才能不断创造出新的个体，从而使宇宙得以不断演变和发展。

当他们分开之后，

你由我而来，你的来自我的，

无法确定谁是谁，

你中有我，我中有你。

他们再次重现这一切时，

我更加彻底地无法确定了。

罗伯特·格雷夫斯（Robert Graves）[1]

　　了解自己的同时又不了解自己，做自己的同时又逃避自己，独立自主的同时又与他人合作，认为自己属于更重要事物中的一分子，这些就是大家都熟悉的矛盾现象。

　　有时，自我的重负，即它的认知、责任和孤独几乎超出了我们所能承受的范围；可有时候，我们又会竭尽全力去维护这一切，使"我"和"我的"自我感觉能一直保持良好的状态。在格雷夫斯的诗中，恋人们乐于在彼此中"失去"自己，自愿放弃那些用来保卫和界定各自自我的边界。谁都说不清楚双方的边界从哪里开始又在哪里结束。我们都非常珍视"你中有我，我中有你"这样的亲密时

---

① 摘自《小偷》。

光，事实上，我们常常会冒着所有的风险去拥有这样的亲密时光，不过我们也会努力挣脱这样的亲密关系。格雷夫斯用"小偷"二字作为他的这首诗的名字，暗指每个人都从对方那里拿了不该拿的东西。

弗洛伊德从性本能和自我意识的本能方面谈到了"我"和"非我"之间的矛盾关系，他认为在灵魂中，驱动融合的力量与驱动分离的力量经常展开势均力敌的斗争。在哲学领域里，哲学家们也经常争斗，一些哲学家认为个体就是一切，个体之外的世界都不重要（甚至根本不存在）；而与此观点对立的哲学家们认为个体是虚无的，与其他事物和其他人的关系才是重要的。

这种矛盾关系是真实存在的吗？这个矛盾关系是存在于现实与幻觉之间——真实的自我与虚幻的亲密关系之间，或者虚幻的自我与真实的亲密关系之间，还是存在于两个现实之间，存在于个体的真实自我和包含一部分个体的真实"我们"之间呢？如果是后者，如果"我"和"我们"都是真实的和重要的，那么为什么我们的哲学家们却看不到这些呢？

第8章的论述使我们看到我的真实存在并不是一个问题。对量子的物理特性充分理解后，我们便把自我看作一个波动的、模糊的事物，它的内部和外部边界总在不断移动与改变着。但它仍然是一个真实的、有实质内容的事物。自我不是幻觉。从常识上讲，我们的自我是真实的，我们与他人之间的密切关系似乎是同样真实的，而且似乎在一定程度上定义了我们是谁、我们是什么。

大多数人都有过类似格雷夫斯的恋人那样的经历，在这种经历中，我们和他人之间的关系是如此亲密，以至于我们之间所有的不同点似乎都消失了。这是母亲和婴儿之间的共同经历，在这种经历中，至少母亲觉得婴儿是自己的延伸，他们共处在一个亲密关系的小天地里，这个小天地的边界定义了她们共同的身份。

同样的亲密关系也存在于心理治疗师和他的病人之间，在这种关系中，治疗师经常会发现自己的感觉或想法实际上正是病人的感觉或想法。在治疗咨询的50分钟里，医患二人似乎有着共同的身份，有着共同的身体和思想。这种情况发生的机理被称为"投射性认同"，这种投射性认同被视为一种重要的治疗手段，使治疗师能够真正地掌握患者意识丧失问题的第一手资料。这种治疗过程会一直持续，直到治疗师了解了患者的病情及发病原因。在整个过程中，治疗师如同亲身经历了患者的生病过程一样。

正如一位荣格学说的分析家描述的那样："投射性认同可以被理解为一种融合，它涉及主观与客观、内心世界与外部世界的混合与模糊化，即边界的消除。"

这种极端亲密的情况在日常生活中屡见不鲜。格雷夫斯的恋人们的关系以及母亲和孩子的关系就是如此。一位有才华的老师和学生之间的关系也是如此，不仅是老师的知识，还有他整个人（包括他的热情、行为举止、思维方式）都会"进入"学生的内心，并成为学生自己所拥有的部分。同样，有才华的政治领袖也有一种能力，能够了解支持者们尚未表达出来的心愿和渴望，而且他们不仅仅把那些心愿和渴望作为自己的主张进行表达，实际上，他们也将那些心愿和渴望作为自己的心愿和渴望去感受。

在所有这些例子中，亲密关系似乎能使两个人融合到心心相印的程度，使他们共享一个身份。这种情况发生的机制可能与我们和他人的共情紧密相关。在共情中，我们知道彼此是两个不同的人，但我们了解对方的处境，能与对方换位思考，体会对方的感觉。所以共情也是一种亲密关系的形式，我们可以与完全陌生的人分享这种亲密关系，也可以与我们非常亲近的人分享。亲密关系的形式还有很多。

每天我们都会经历与他人少量和短暂的亲密接触——在乡间的小路上与陌生人点头致意；当一个孩子对一位胖妇或一位秃顶男人发表了一些童言无忌的评论而使他的母亲遭遇难堪时，我们与她身旁的人会心一笑；甚至是陌生人的短暂陪伴也会以某种方式触碰到我们的内心，进入我们自我的边界，并悄然留下一些印记。于是，我们同其他人都不再是与过去完全一样的人了。

我们经历的许多事情影响和改变着我们。最明显的是，我们身体的健康和功能，包括我们的大脑，取决于我们吃的食物的质量和外部环境的变化因素。同样，我们的自我、思想和行为也不断受到他人、家庭成员、朋友和同事的思想与行为的影响。我们还受到整个文化的影响，比如我们读过的书、看过的电影、听过的音乐等。我们对自己的看法在很大程度上取决于我们生存的环境，这一点并不难理解，因此不需要新的关于人的理论来加以解释。

亲密关系似乎不一样。亲密关系不是"我"和"你"之间的关系，也不是"我"和"它"之间的关系，在那样的关系中，你或它（一本书、一块石头、一台计算机）会对我产生影响。在亲密关系中，我和你似乎是相互影响的，我们似乎"进入了"彼此，并从内部改变彼此，使"我"和"你"成为"我们"。这个"我们"不仅仅是"我和你"，它本身就是一种新的事物、一个新的统一体。

"我们"改变了组成它的"我"和"你"，并以它自己的身份和能力进一步发展关系。

马丁·布伯把亲密关系中的"我们"用"我－你"来表示，以便区分我们与事物之间的关系和我们与他人之间的关系。他把我们与事物之间的关系用"我－它"来表示。他说，它可能会影响到我，但我影响不到它。

（它的）世界不在（我与它相遇的）经验中。世界允许人去经验它，但它并不关心这件事。因为它对经验没有任何作用，而经验对它也没有任何作用。

但是，"当你被谈论时，谈论你的人就处在与你的关系中了"。在我－你中，我和你变成了"我们"。

因为每个人都有这样或那样的人际关系，所以大多数人都很幸运地体验过生活中的一些亲密关系。对于我们来说，"我们"的存在是一个事实，但它有什么事实依据吗？亲密关系这种东西真的存在，还是说它仅仅是一个被孤独的自我紧紧抓住不放的幻觉？对于我们来说，亲密关系似乎足够真实，但我们在试图理解它、表达它、解释它，并使它成为构建我们世界观体系的一部分时，就会发现一个问题：为什么两个个体在相遇之后会从内部发生变化，并且相遇这件事本身还拥有一个身份？那么这种"相遇"、这种新的"我们"、这种布伯所说的"我－你"的物理基础又是什么呢？

任何经典的人的哲学和心理学方法，对这个问题都给不出答案，因此要解释这种明显常识性的亲密关系为什么能够存在，即使是可能的，那也是相当困难的。

笛卡尔哲学深刻地影响了现代思想中关于自我及其关系的个人主义思潮，在笛卡尔哲学中没有亲密的个人关系。笛卡尔思维中的一切都是从孤立的 cogito（我思故我在）的第一人称观点出发的，"我"只是一个除了思考什么都不是的存在。"我思故我在"与任何事物或任何人的关系都是间接的，需要通过物质和思想来相互作用。"我"和"你"从不会相遇。

笛卡尔主义的孤立思维进一步得到了牛顿物理学的支持。牛顿物理学认为，物质由许多独立的、不可分割的碰碰球组成，这与笛卡尔的心灵是独立的和不可分割的概念相辅相成。把关系看作一系列外部的影响，且这些影响只在陌生人之间产生，这个概念成了所有关系的范式。

碰碰球不会"相遇"，它们不会进入对方的内部并改变对方的内在特质。之所以这样，是因为每个碰碰球始终都只是它们自己，它们完全不能接受任何外来影响。就像笛卡尔所说的心灵一样，它们之间的关系是间接的，需要通过外力使它们相互吸引或相互排斥，或者不时地相互碰撞。在碰撞过程中，它们会受到冲击，可能会发生位置和动量的变化，但它们在碰撞前、碰撞期间和碰撞后仍然保持自身不变。它们在碰撞过程中形成的相互吸引或相互排斥的关系，被萨特称为"有条件的真理"。

的确，孤立的个体与外部世界只存在有条件的关联，这是整个笛卡尔／牛顿的关系范式，这已成了存在主义者思考人际关系的核心问题的基础。

海德格尔在《存在与时间》（*Being and Time*）中告诉我们，此在①（即人类的存在）可以不参与其中。"当此在被它所关注的世界所吸引——同时，与其他存在共处时，此在就不是它自己了。"同样，萨特认为自己将笛卡尔哲学的革命推向了极致。在《存在与虚无》（*Being and Nothingness*）一书中，萨特指出，他人的存在是我们存在的事实，但不是必要的事实。这就是他所谓的"事实必要性"。

为他人而存在不是本体论的逻辑，为自己而存在才是本体论的逻辑。我们不能像从原理中得出结论那样，从为自己而存在中得出为他人而存在的逻辑。

我们与他人的关系只是偶然发生的事情，就像苍蝇偶然落在我们鼻子上那样。他人并没有真正"触及"我们。如果我们认为他触及了，那就是我们"不诚实"。

弗洛伊德精神分析学深受笛卡尔和牛顿的影响，反过来又影响着许多普通人看待自己的方式，他的精神分析学没有人际关系的概念框架，甚至不把这种关系当作应该重视的事情加以考虑。正如《精神分析词典》（*Dictionary of Psychoanalysis*）的作者所说："这是因为精神分析是针对个人心理进行的，因此只从单一主体的角度来讨论对象和关系。"

根据弗洛伊德学说，对我们产生影响的不是他人，而是我们对他人的看法、我们的投射。弗洛伊德学说的影响力只是单方向的，就像布伯所说的我－它的关系，在弗洛伊德学说中，他人是一个物体，被我们带入灵魂中并使其按照我们所希望的样子展示出来。没有人际关系之间的活动，只有个人的心理活动。

这种客体被表现出来的关系模式，被弗洛伊德的学生梅兰妮·克莱恩解释为

---

① 原文中为 Dasein，是海德格尔创造的一个哲学名词，表示事物存在的意思。本书采用了国内哲学领域对 Dasein 通常的翻译——此在。——译者注

投射性认同。在这种关系中，两个人似乎进入了彼此的内心并拥有共同的身份，像格雷夫斯的恋人们、母亲和她的婴儿、任何我 – 你的关系——这实际上是一个过程，其中一个作为自己幻觉中的客体被另一个"吸收"：

> 自我是通过投射一个外部客体（首先是母亲）而被确立的，并使外部客体成为自我的延伸。客体在某种程度上成为自我的一种表现，并且依我的观点，这些过程是投射识别或者"投射性认同"的基础……婴儿从母亲的乳房里汲取奶水的过程，是婴儿幻想进入乳房并进一步进入母亲身体的方式。

克莱恩与弗洛伊德、萨特和海德格尔一样，也拿不出一个模型来解释那种产生亲密行为的真正的双向关系。他们都不能把我们与他人的关系和我们与机器的关系区分开来，因为在他们看来，机器和人都具有物体的性质，他们都仍然活在笛卡尔孤立的"我思故我在"和牛顿不可融合的碰碰球的阴影下，每个人的理论都是按照自己的方式从这些分离的原型中发展出来的必然结果。

因此，"不诚实""客体被表现"和"吸血鬼般的吮吸"是 20 世纪一些最有影响力的思想家提供给我们的关系模型。每种模式都进入大众文化中，并在很大程度上加剧了大众的疏离感。难怪其他思想家，如帕菲特、卡普拉、祖卡夫、玻姆，正在试图通过完全否定孤立自我的存在来消除这种疏离感。

但是自我确实存在，所以在我们最深处的直觉中，我们知道亲密关系也是存在的。"我"和"我们"之间不是非此即彼的关系，而是两者共存的关系。我是独一无二的我，有些东西只在我自己身上具备，我也是一种与他人的关系，是比自我更重要的东西。为了超越我与非我之间的矛盾关系，我们需要将"我们"的现实存在建立在一种新的概念框架之下，这个概念框架对个体和个体之间的关系同样重要，而这个概念框架又是建立在意识的物理学上的。我们需要看到，从物理上来说，"我们"既可以是"我"和"你"的组合，也可以是一个具有自身特质的新事物。这样组合起来的个体在经典物理学中是不可能的，但我们知道它们在量子物理学中却是惯例。

这种人际关系的新概念框架可以在波粒二象性的矛盾关系中找到，也可以在基本粒子同时既是波又是粒子的特性中找到。

量子物质的粒子特性产生了个体，产生了物质，无论存在的时间多么短暂，都可以在某种程度上被确定下来，并被赋予一个身份。量子物质的波动特性则在这些个体之间建立起各种关系，并通过这些个体的波函数的纠缠而产生出新的个体。因为波函数能重叠并能彼此纠缠在一起，因此量子系统可以"进入"彼此内部，并形成一种创造性的内部关系，这种关系在牛顿式碰碰球系统中是不可能形成的。图9-1表示出了量子系统的"相遇"，以及在相遇之后发生演变的过程。

牛顿式撞球在碰撞后只存在外部关系，它们会分道扬镳

量子系统"相遇"后产生内部关系，每个系统都成为比自身更大的新事物的一部分

图9-1 量子系统的"相遇"

如果基本物质只拥有粒子特性，那么我们所了解的世界永远都不会从根本上改变。现有的粒子们会四处游荡，有时还会形成新的组合，但物质的内在本质不会改变。这样这个世界也不会有创造性。只有通过基本物质的波的特性以及由此带来的新个体的创造，宇宙才会逐渐演变。

波粒二象性中的粒子与波之间的矛盾关系是一种存在与形成之间的矛盾关系。同样地，我们内心的我与非我之间的矛盾关系、保持自我现状与或多或少参与亲密关系之间的矛盾关系，都是一种保持现状与形成新事物之间的矛盾关系。

解决这些问题的关键就是量子波动力学。

与基本粒子系统一样，我们（我们的个性，我们的自我）也是量子系统。在任何一个个体中，亚我重叠的物理现象无疑可以被看作意识的玻色－爱因斯坦凝聚态中波型的重叠。我们每个人都是一个量子亚我的复合体，也是唯一的自我（一个最高统一体①）。

当我们成为"我们"时，我和你之间的关系就像我自己的许多亚我之间的关系一样。这是对人际关系的一种挑战，如同那些亚我的融合对个人身份的挑战。

通过对比我们自己亚我之间的对话和我们与他人之间的对话，我们就能看清这一点。我可以与女儿的校长就每天早上按时送孩子上学的事情进行对话，也可以在自己的叛逆性格和传统责任心之间进行大致相同的对话。

原则上，重叠的人的量子波动力学应该与自我内部重叠的自我的量子波动力学相同，尽管目前我们对这方面的物理原理还不是很清楚。在任何一个自我内部，我们讨论的是一个特定的玻色－爱因斯坦凝聚态上的重叠波型，而在人与人之间，我们讨论的是不同的玻色－爱因斯坦凝聚态上的重叠波型。在人与人之间，重叠效应可能是非局域的，就像两束在物理上分离的激光束在时间上相互干涉一样。无论它们如何发生，量子波动力学都以一种不可思议的方式与我们所知的人际关系相吻合，这表明肯定存在某种物理基础。

如果我首先能成为一个自我，一个为自己而存在的自我，就可以成为与他人同在的和为他人而存在的自我。事实上，在任何一个人的量子模型中，都不可能存在除此以外的其他情况。

当一个新生婴儿开始他的人生时，他个人的一切主要来自遗传。他带着一个原始的自我来到这个世界，没有任何生活经验，②在他生命的最初几个月里，他与

① 如我们在第 8 章中所论述的。
② 把子宫里可能出现的任何新生经验都保存起来。

母亲融合在一起。用量子术语来说，他自己的波函数与母亲的波函数几乎完全重叠，他们处于一种投射性认同的关系中。婴儿的绝大部分经验就是母亲的经验，并且他开始用母亲的材料来编织自我。他把母亲对更广阔世界的反应、她的感知、她的情感、她的关怀，都记录在自己的量子记忆系统中。这些记忆成为塑造他自己的材料，并对他大脑中神经通路的发育产生影响（见图9-2）。

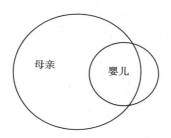

图 9-2 埃里克森的"第一阶段"

注：在发育的最初阶段，婴儿几乎与母亲融为一体。

这种通过投射性认同与母亲融合的状态相当于埃里克·埃里克森（Erik Erikson）的心理发育的"第一阶段"。它的物理现象，即母婴之间原始键合的物理现象，很像化合物共价键的物理现象，化合物是由两个原子共享一个电子环（共享一种状态）而形成的。

在整个婴儿期，婴儿都会把母亲作为他自己的一部分，就像母亲怀他时，他也是母亲身体的一部分一样。他与母亲在最初阶段建立亲密关系的成功与失败，将导致他对母亲的"基本信任"或"基本不信任"，这是与埃里克森的"第一阶段"相关联的结果。

随着婴儿的成长，他的自我和感知能力发展到能够接受母亲以外的人和事。他通过感官将有关物质世界的信息添加到自己的本能模式中，并建立起对周围环境的反应体系；随着自我的发展，他与周围的人形成了一个稚嫩的人际关系网络。他自己的小波动模型与那些抱着他并吸引他注意力的人的波型融合在一起，而这些也都被他编织进他自身中。

当婴儿的实力和复杂性通过与母亲以外的人的关系而不断增加时，他自己（他自己的波型）与母亲（母亲的波型）纠缠的程度就会不断减少。通过把他自己的遗传物质与他的独特方式创造的关系（他的个性）结合起来，婴儿开始感受到了在做自己和与他人相处之间来回拉锯的矛盾关系。为了维护自我，为了让自己更自由地与他人交往，他开始与母亲分离。他将自身的波函数和母亲的波函数融合的能量减少了，而增加了与其他人融合的能量（见图 9-3）。这个阶段相当于埃里克森的"第二阶段"，即自主权对羞耻与怀疑的阶段。在他生命的这个阶段，是分离的阶段，是婴儿或幼儿反抗深度亲密关系的阶段。他的任务是整合许多关系，而不是在任何一种关系中迷失自己。

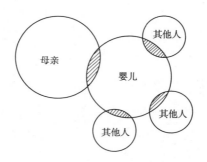

图 9-3　埃里克森的"第二阶段"

注：随后，婴儿与母亲逐渐分离并参与到其他关系中。

后来，当孩子掌握了自己的自主权，当他编织了足够多的自我来占有内在的复杂性（生长出足够大的玻色 - 爱因斯坦凝聚体来维持几种不同的波型，并铺设了足够复杂的神经通路来形成这些波型）并且有能力平衡这种复杂性时，他就回到了与母亲的亲密关系中。他让一部分自我与母亲联系在一起（与她重叠），这时他有了安全感，能感觉到自己的其他部分可以自由地与其他人建立关系（见图 9-4）。这是埃里克森的"第三阶段"——主动性对内疚感的阶段。

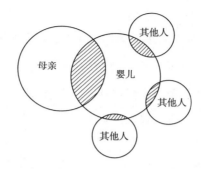

图 9-4 埃里克森的"第三阶段"

注：在关系的"联结"阶段，婴儿回到与母亲的亲密关系中。

　　母婴之间形成的分离－联结模式会伴随我们一生，在我们形成的每一种新的亲密关系中，这种模式都会在某种程度上不断重复；随着这种亲密关系中任何一个关系的发展，这种模式也会重复出现。通过最初的融合，自我与另一个自我成为一体，在分离的过程中，每一个自我都在努力恢复失去的个性；在联结的过程中，每一个自我都在一个比自己更大的新组合现实中实现了他的自我。

　　埃里克森对三个阶段的这种双重分类法，是为了表示在各个阶段都有积极的一面和消极的一面。在任何一个阶段，母亲与婴儿之间的关系如果出现不和谐的现象，就会导致孩子一生都会固恋那个阶段的消极的一面——基本信任与基本不信任、自主权与羞耻和怀疑、主动性与内疚感。不过，通过第 8 章讨论的量子记忆机制，我们有可能建立一条超越这种固恋的途径，即把过去与现在结合起来，形成一个新的现实。这个方法也是心理治疗师在治疗固恋症患者时采用的机制。因为拥有量子记忆方法，在我们历史的任何阶段中，我们都不会再被卡在时间里或迷失。因此，个人的心理救赎总是能实现的。

　　人类心灵成长过程中的融合和分裂阶段与基本量子系统在更大系统中的结合与重组的阶段是相同的：每个子系统通过其粒子特性保持着一定的身份，通过其波动特性与一个新的更大的身份融合。我们和基本粒子都会因为我们的关系而改变我们的身份，但与基本粒子不同的是，我们会保持变化并积累变化（积聚特性），因为我们有记忆。因此，只有我们（或者至少是足够复杂到能拥有记忆的系统）才会拥有在成长过程中的联合阶段。

通过量子记忆的过程，每个人都在自己的内心携带了曾经拥有的所有亲密关系，这些亲密关系也被编织进心灵的纤维中，就像每个人都会把所有与外部世界交流的信息统统编织进自己的生命中一样。

如果用量子术语来解释亲密关系，它就是一个人的波函数与另一个人的波函数发生了重叠。然而，这种关系的性质和动力学是依赖许多变量的，这些变量能够影响任何波动系统。例如，处于同一状态的两个人会比处于不同状态的两个人拥有更和谐的亲密关系，当他们个性的波峰以重叠的方式相遇时，两个顶部和谐地或多或少地相交，或者一个波与另一个波和谐地纠缠在一起（见图9-5）。我们将其与音乐和声（声波本身的模式）进行类比也可以得出这个结果。

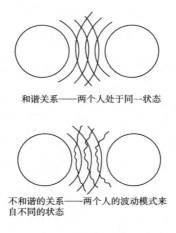

和谐关系——两个人处于同一状态

不和谐的关系——两个人的波动模式来自不同的状态

图 9-5　波函数与亲密关系

如果同时演奏的两个音符是完全相同的，就可以说这两个音符是处于相同的状态，我们就会听到一个统一的声音。这就相当于一种投射性认同的和谐关系，即两个人成为一体。

如果演奏的是两个相差八度音程的音符，那么它们组合起来的声音也是和谐的，但很明显，这是由两个音符发出的声音。同样地，两个相差五度音程的音符，比如 C 和 G，也会产生一种和声，但随着组合方式的变化，我们就会向着勋伯格的那种无调性音乐方向进一步发展下去，最终就会变成简单的噪声。同样地，一段关系的质量也取决于参与其中的人的"基态"。

例如，据说 D.H. 劳伦斯（D. H. Lawrence）和他的妻子是不能分离的，但他们的亲密关系有时对两个人来说是人间地狱。罗伯特·勃朗宁（Robort Browning）和伊丽莎白·勃朗宁（Elizabeth Browning）则几乎在各个方面都是互补的。

同样地，亲密关系中的人可以分享彼此的特性，如投射性认同一样，或者交换彼此的特性，如角色互换。后者可以用量子共振现象来解释，即两个耦合的量子系统（或两个非局域相关的量子系统）各自具有自己的特征振荡频率，它们会突然间交换振荡频率。在这种情况下，我变成你，你变成我——一个熟悉的生活场景是：当一个正在发火的人看到另一个人因为受自己的影响也开始发火时，他反倒平静了；或者，一对夫妇中有一个人养成了一个坏习惯，而恰好此时另一个人摆脱了这个坏习惯。

通过量子共振现象产生的角色互换，为"突变理论"所描述的一些现实案例提供了物理基础。在更大的、更戏剧性的范围内，它们可能解释了一些心理治疗师们所经历的非凡"体验"，他们发现自己也曾走进患者的幻觉中。例如，一位治疗师发现自己正在外星球上"旅行"，并与外星人交谈，而此刻他的病人已经开始意识到，这种星际空间的活动只是一种幻觉。

毋庸置疑，有一点很吸引人：从量子波动现象中能找出无数个例子来说明和解释亲密人际关系的动力学，并准确地反映复合的个体自我的动力学，而且能大胆声称这两者之间并不存在真正的差别。

在许多方面，我与他人的关系似乎只是我与亚我之间关系的延伸，这表明我和他人之间、我与非我之间的任何永久分界线都不是很有意义的。因为没有明确的方式来说明我在哪里结束，而"你"从哪里开始。用量子物理学的语言来讲，"必须得出这样的结论：宏观系统在其微观状态中总是相互关联的"。

在更大范围内，单个量子人在意识的量子基底上（在玻色－爱因斯坦凝聚态上）与其他处于激发态的量子人（与之协调一致）是相关的。但他们仍然是独立的个体。正如量子物理学家 H.D. 泽赫（H. D. Zeh）在谈到更熟悉的量子系统时所说的那样："它们仍然具有（一些）不相关的宏观特性。"

人有能力将真实的个体特征与明确的关系结合在一起，这是从量子物理角度观察人之后得出的独特而重要的结论。个体特征和关系都不会失去。哪个是更基本的并不重要。

同样地，某些群体的共同意识也会以相同的动态表现出来。比如，在足球迷中或在政治集会中的情绪感染现象，或者心理治疗师在给家庭成员或亲密伙伴群体治疗时发现的"群体心理"现象。在这些情况下，群体中某一成员说的话似乎表达了整个群体未说出口的想法。

从量子物理的角度来观察自我及其关系，发现自我与他人之间存在着一系列的关系和交流，其范围从我的亚我之间的私人对话（重叠波函数），到使一些群体建立"齐心协力"的意识。私人对话则是通过我和"你"之间的亲密关系产生的，这些亲密关系包括所有可能的变体和风格。

建立在波粒二象性和粒子与波动现实基础上的量子自我概念，既包括一个独立的自我，也包括与他人有关的自我，这个概念在常见的二分法中间开辟了一条新路，常见的二分法则是要么把自我视为全部，要么视为虚无。量子自我的"粒子特性"使它可以被认为具有重要的个体完整性，而它的"波动特性"使它可以与其他自我以及整个文化同时建立关系。这既为个人同一性和个人责任奠定了基础，也为亲密关系和群体同一性奠定了基础。它还为我们提供了一种全新的视角来看待人死后的生存问题。

第10章
自我的生存：量子永恒

我与时间（历史）的关系具有量子特性。

本章论述一种全新的思考自我生存的方式。

每个生命都不是孤立的过程，而是一个与自我、与他人相关的连续的过程。自我与历史、他人的历史、逝去的和活着的人的历史的关系，如同一种量子关系。

从量子角度来看，我在时间中的持续性、我与他人的亲密关系以及我死后的生活，没有明显的区别。人的全部生命是我和你的重叠，是过去、现在与未来的融合。死亡不是永远的逝去，而是另一种延续。通过量子的亲密关系，生命得以永生，因此死亡无须惧怕。

我们必须默默地继续沿着前进的方向，

去迎接没有硝烟的那场硬仗。

为了获得更大的联盟、更深的交往，

要穿越寒冷的黑夜，忍受空阔的荒凉，

任凭浪涛怒吼，狂风呼啸，在浩瀚的大海上

像海燕奋力翱翔，如海豚搏击风浪，

而我的结束便是我开始的地方。

T.S. 艾略特[1]

在我初次怀孕期间，以及在我女儿出生后的几个月里，我经历了一种对我来说非常奇异的新的生活方式。我在很多方面失去了作为一个个体的自我意识，但同时也获得了另一种自我意识，即把自我看作某个更大的、正在进行的过程中的一部分。

起初，我身体的边界向内延伸，拥抱我体内成长的新生命，并与她融为一体。我感觉自己是完整而独立的，是一个拥抱着所有生命的小宇宙。后来，我身体的边界为了包裹住婴儿的形态而向外延伸。我的身体和我的自我是生命与养育

---

①《四个四重奏》(The Four Quartets)，节选自《东科克尔村》(East coker)。

的源泉，我的变化也是另一个人的变化，我的感觉与她的感觉通过她与周围人的感觉融为一体。

在那几个月里，"我"似乎是一件非常模糊的东西，一件我无法看清或把握住的东西，我却体验到自己在向四面八方延伸——向后延伸到"时间之前"，向前延伸到"所有时间"，向内延伸到所有可能性，向外延伸到所有的存在物。

我当时开玩笑说我已经失去了我的"粒子性"，我丈夫说，我正在经历对孩子的投射性认同过程，那应该就是弗洛伊德所谓的"海洋的感觉"。不管怎样，它既令人不安又令人兴奋，通过它，我消除了有生以来对死亡的恐惧。正如我在本书的序言中所说的，它正是本书的灵感来源。

那么，怀孕和初为人母与死亡和永生之间有什么关系呢？或者说，与量子物理学之间有什么关系呢？一种强烈的直觉告诉我，它们之间有着密切的联系，这使得我在本书早期的写作纲要中加了一章"死后的生活"，但过了一段时间，随着前面章节的内容不断增加，这个内容的笔记卡上仍是一片空白，这让我的计划多少显得有点尴尬。

无论是我对永生这个问题曾经的思考方式，还是我在别人著作中见到的任何明确的结论，似乎都不是来自对意识物理学的探讨。的确，所有关于意识产生于大脑中量子过程的讨论，似乎都在否定意识会在大脑以外延续的任何观点。然而，随着第8章和第9章的描述，量子自我、它的特性和关系的轮廓已经逐渐呈现出来，一种全新的思考自我生存的方式也开始浮现出来。

在基本粒子的亚原子层面上，死亡并不意味着永远失去。量子真空是一切事物的根本的现实，它的存在是永恒的[①]。我们应该把量子真空描述为"存在之源泉"，颇有诗意不是吗？在这个源泉中，所有基本特性（质量／能量、电荷、自

---

① 或者，至少从大爆炸开始，直到最后的危机（如果真的有危机），即使宇宙真的坍缩成黑洞，物理定律表明真空不会消失。

旋等）都是守恒的，什么都不曾失去。

单个粒子从真空中出来，游荡一段时间，直到与其他粒子碰撞，然后要么成为某种新的东西，要么它们从哪儿来还回哪儿去。但它们的短暂亮相并不是徒劳的。如果两个基本粒子相遇并结合在一起，每个粒子便不再以个体形式存在，而是形成了新的粒子，新粒子的质量将是它们各自质量的总和。如果一个中子分裂了，那么它的质量、电荷和自旋特性都会被保留在产生的电子、质子和反中微子中，并且是守恒的。因此，每一个发生的量子事件都会留下自己的痕迹，即它"在时间沙滩上的脚印"。

同样地，从一个更大的范围来看，当一个模式或整体（一个群体、一个机构、一个国家）的连续性是我们关注的对象时，这个整体中各个组成部分的瞬时性就会被忽视，或者至少在某种程度上被认为是无关紧要的。

我的身体里每天都会有数千个细胞死去，其他细胞会取而代之，所以我的身体还和之前一样。与我儿子在同一个幼儿园的孩子们，渐渐地长大了，后来纷纷离开幼儿园去上小学，但幼儿园仍然会继续开办下去，就像今年的水仙花凋零后回到它曾经生发的泥土里，但来年的水仙花会在春天再次盛开在花园里一样。我们仍然从一个更大的范围来看，这个世界上总会有一个英格兰存在，也许它的民族会完全改变，也许它的城市兴起又衰落；即使它不是英格兰，至少还是国家，即使不是国家，那么还是一个行星，即使不是这个行星，至少还是其他围绕恒星运行的大型天体。从某种意义上说，有些模式是恒久不变的。

但是，在日常生活中，并且从人类的历史来看，人类并没有从很大的范围来看待我们的自我，也没有从很小的范围来看待我们的自我。我们知道我们的家庭、学校、国家、星球在我们离世后仍会以同样的方式继续存在下去，而这只能给我们一些适度的安慰。我们生命的有限性是必然的、不可避免的，这使我们每天都活在困扰中。对许多人来说，它是笼罩在头上的阴影，对他们所做的一切都产生了影响。还有一些人认为，它抹杀了一切存在意义和价值。为了摆脱阴影，为了拒绝谣言，为了超越有限性，大多数人都相信或者希望能得到某种个人的永生，某种让我们的自我作为有经验、能思考的生命体而幸存下来的可能性。但抱有这样的希望有什么依据吗？

从传统上讲，任何对永生的期望都来自一种信仰，相信存在着个人的不朽的灵魂，它独立于肉体并在人死后继续存在；或者有一个超凡的神，能使肉体以某种形式在远方复活。还有第三种信念，至今仍被唯心主义者所钟爱，那就是"影子人"或"星光躯体"，这是一种轻飘的、朦胧的东西，在死亡的瞬间离开肉体，但保持着足够完整的外形，使人可以认出他的样子。这些信念都或多或少地与现代科学的认知相悖。

一个星光躯体从我静止的尸体中漂浮出来，以独特的方式游荡到任何地方，这个想法既吸引人，又有趣。从各个方面来说，这是三种关于永生的猜想中最为形象具体的一种。然而，人们不禁想了解它的物理原理，或者会问，尽管现代心理学研究已经尽了最大的努力，为什么至今没有人设法去探测任何徘徊在尸体附近的"星体影响"？

同样地，我那不朽的灵魂在来世也许会不受肉体的约束而更自由、更快乐，或者有一天它会再次附体到我那重生的肉身上。对于大多数人来说，这种想法太牵强附会、太不合乎理性的逻辑，因此无法令人相信。事实上，灵魂不朽的整个概念，无论是否具体化了，都是牢固地建立在柏拉图和笛卡尔的二元论基础上的，即灵魂和身体（意识和大脑）只是偶然地联系在一起。但是，正如我们已经看到的，分裂大脑的研究结果和意识的物理原理都对精神和身体分离的概念给予了否定。

那么我们该怎么办呢？如果像哲学家和神学家所争论的那样，某种形式的柏拉图二元论是任何站得住脚的永生或自我生存学说的先决条件，那么这种二元论本身就站不住脚了。我们必须因此放弃所有的希望，即对某种有意义的、有意识的死后生活的所有希望吗？

　　法国基督教存在主义者加布里埃尔·马塞尔（Gabriel Marcel）持有不同的观点，尽管他拒绝接受一切形式的二元论。他在一篇关于永生的文章中写道，"在我看来，我们应该从观察开始，不要把意识的绝对终止视为一个事实"，也不要把绝对终止与所爱之人的关系视为一种可能性。

　　马塞尔只考虑了与逝者的持续关系，甚至与逝者的对话，这两种情况都是由于爱侣双方在世时的亲密关系导致的结果。他认为，与我们有亲密关系的人，生前会有怎样的内心活动，我们是非常了解的，以至于我们会知道他在特定的环境下会说什么，会怎么想。因此，我们可以认为他正活在当下，而不仅仅是活在一段记忆中。

　　像马塞尔那样的观点可以给活着的人带来一丝安慰，向我们展示了如何通过拒绝放手让逝者和我们永远在一起。但他没有说这种联结的物理基础是什么、把逝者锚定在这个世界上的实际机制是什么。他还打造了"创造性忠心"这个概念，他用这个概念来描述我们对逝者的忠贞不渝，但这个概念表达的只是一厢情愿，只是一剂治疗失去亲人痛苦的良药。我们看不出这种让逝者活着的方式对逝者本人有什么意义。我们好像没有理由再让逝者继续体验生活了。

　　经典的自我观认为，自我是一个孤立的个体，本质上与他人隔绝，并且只存在于自己大脑的神经通路中，除此之外，不会存在于任何他处。在经典术语中，因为没有亲密关系的物理学，所以也不可能有基于亲密关系的"永生的物理学"。但是对于量子自我来说，情况就大不相同了。

　　亲密关系，即进入自我内部的关系，并从内部影响甚至定义自我的存在，是量子自我存在的必要条件。从量子物理学的角度来看，我就是我的关系，即我与我自己内部的亚我的关系和我与他人的关系，以及通过量子记忆建立起来的我与我自己过去生命的关系和通过我的各种可能性建立的我与我的未来的关系。没有关系，我就是虚无。

是否存在一个永生的量子观，可以通过马塞尔的"创造性忠心"的关系将逝者与这个世界有意义地结合起来？在考虑这个问题时，我们会问：是否存在任何物理依据可以让另一个人的过去融入我们的"现在"，使另一个人虽然"死了"，但此时此地真正与我们在一起，像我们这样笑，像我们这样做计划，像我们一样地去爱？我们真正要问的是：另一个人的前生是否可以通过与我们的关系而转世轮回？这个问题与我的前世和我的今生之间有什么关系的问题有什么不同吗？

通过量子记忆的过程，即由过去的经历所产生的波型与现在的经历所产生的波型在大脑的量子系统中融合起来，我的过去就会一直伴随着我。它不是一个"记忆"、一个供我回忆的已经完结了的过去，而是一个活的存在，这个存在部分地圈定了我现在的样子。过去的波型被收集并编织进现在的波型，曾经的经历也是现在的经历，它们在每一个时刻都被重新体验。通过量子记忆，过去复活了、展现出来了，并与现在对话。同任何真正的对话一样，这意味着不仅过去会影响现在，而且现在也会影响过去，并赋予过去以新的生命和意义，有时甚至还把过去完全转换了。举一个个人的例子，可能有助于更加形象、具体地说明这一点。

我在婴幼儿时期，经常与母亲分开，每次分开的时间都是数个月。曾经有三年的时间我根本不能和她一起生活，只是偶尔与她一起度过短暂的周末。我那时非常想她，经常为此哭泣，因为她的缺席，让我很小就经受了抑郁的痛苦，我会经常设法逃离祖父母家，跑回她的身边。毫无疑问，分离是我童年的主要经历，也给我的成年生活蒙上了阴影。驻留在我内心的那个孩子（幼年的亚我）被编织进了我青少年和成年时期所经历的各种关系模式中。

有很多年，我在与他人的交往中极度缺乏安全感，总是怀疑他们是否真的需要我，是否会拒绝我。当有人真的爱我、需要我时，我会在他们离开我的视线时出现心理学家所说的"分离焦虑"。我无法忍受我所爱的人拥有自己的自由，这反过来又使我成为一种令人窒息的人，因此经常招致我所害怕的拒绝。

我的理性思维让我有时能看到那种紧抓不放、令人窒息、随后必然遭到拒绝的模式，它破坏了我成年后的人际关系，但似乎再多的理性洞察力也无法改变这种现状。在我的每一次交往中，驻留在我内心的那个被遗弃的孩子都陪伴着我。直到我自己的孩子出生，这一切才发生了变化。

女儿出生后的第一个晚上，我在医院里思念母亲，这种思念之情比以往任何时候都要强烈和痛苦。彼时彼刻，我多么希望她就在我和我新生的宝贝身边。同以往一样，她再次缺席。但此后，神奇的事情开始发生。就在女儿出生后的第一个晚上，我感觉自己变成了那个母亲，不仅是我怀里新生婴儿的母亲，还是驻留在我内心的婴儿的母亲。当我紧紧抱着自己的孩子时，我也拥抱着自己内心的孩子。我爱她，并一再向她保证我会一直在她身边陪着她。

随着女儿襁褓岁月的流逝，我不断地意识到，我在成为她的好母亲的同时也成了自己的好母亲。当女儿在夜里啼哭时，我感到内心的婴儿也在啼哭；当我走到女儿床边时，我内心的婴儿也得到了安慰。驻留在我内心的婴儿不再有孤独的夜晚，不会再经历痛苦的分离。她那不幸福的幼年时期被搬到了此时此地，同我女儿一起接受着百般呵护，她逐渐有了安全感。我内心的婴儿通过量子记忆得以重获新生，从此开启了她生命的新旅程。她"重生"了。

许多父母都经历过与自己年幼孩子的认同过程，通过这个过程，他们也触碰到了自己在成长期发育不良的那个部分。这就是为人父母的经历会促使人成长和更加成熟的原因之一。同理，如前所述，通过量子记忆来真实地再现往事，是成功的心理治疗促进成长的首要机理。但对于永生的话题，我们要问的是：能否让另一个人的过去在我们身上同样展现出来，从而使其获得新生？我所爱的人能否通过我获得重生，就像曾经的自我的很多方面得到重生一样？

从日常生活的角度来说，如果我们两个人都活着，那么答案显然是肯定的。通过亲密的关系，恋人双方（或者是母亲和孩子、紧密联盟或团体的成员）会如此紧密地联系在一起，他们的波动函数会重叠，以至于变得"你中有我，我中有你"，难以区分彼此。从某种程度上讲，每个人都是制造另一个人的原材料。因为每个人都是他的过去的一部分和他的现在的一部分的融合，所以我们每个人的内心都携带着我们自己的过去和那些与我们亲密的人的过去。

因此，就像我经常与我自己的过去对话一样，我也经常与我丈夫的过去对话——他的过去的一部分被他带入我们的关系中。因为与他的关系，我也与他的童年有了关联，与他的父母以及他在加拿大的童年有了关联。在成为驻留在我自己内心孩子的好母亲的同时，我也成为驻留在他内心孩子的好母亲，那个孩子已经成为我们成年关系中的一部分。

从量子的角度来看，我自己的过去和与我亲密的人的过去不可能有严格的区别。的确，通过我，通过与我的关系，另一个人就能够与他自己的过去进行某些对话，否则他可能不会有这样的对话。因此，在我生命中每一个延续的时刻，通过我，另一个人的过去的一部分也获得了重生，就像我自己的过去每时每刻在我的现在获得重生一样，并且从此以后就成为我生命中的一部分。

与我有着持续亲密关系的人，可能就是这样的一些人：他们曾经的自我已经融入我自己的自我之中，但他们可能就是在我之前生活过的人——父母、祖父母、英雄和历史人物，他们中的每一个人都以某种方式影响（重叠）了我的意识，或者形成了那些曾经影响过我的人的意识。我就是我的父母和祖父母的一部分，并且通过他们，我也成为我从不知晓的世代祖先的一部分。

同样，如果我是一个美国人，通过把坊间记忆带入我的量子记忆并与我的现在融合在一起，我就成为乔治·华盛顿的一部分，或是成为亚伯拉罕·林肯或杰克·肯尼迪的一部分。也就是说，在某种程度上，华盛顿的诚实、林肯的公平意识，以及肯尼迪的朝气与热情都是我自身的一部分，我对这些品质的珍视和崇敬，使我与这些品质形成了一种亲密的联结。这就是我们再现历史的物理基础。实际上，我们是与历史融合在一起的，与此同时，历史也在与我们对话。

正如马塞尔在谈到他与别人的过去的关系时所说的："我必须认为，我自己不仅是在历史的某个确定时刻被推入这个世界，还与那些在我之前逝去的人有某种联系，这种联系不能仅仅归结为因果联系。"

从量子记忆的角度来理解，这种与那些早先离开的人的联系——与逝者的联系就像与我所爱的那些活着的人的过去的联系一样，不仅仅是"记忆"的联系。这并不是我对他们的回忆，而是我（部分地）就是他们。通过我，通过把他们存在的各个方面与我自己的存在融合在一起，他们得以重获新生，融入我的生命、像我一样生活。

但是，我们想说的是，逝者不能"像我一样生活"。也许通过量子记忆，一个逝者的过去的生命已经成为我现在生命中不可或缺的一部分，但如何辨别出我是活的生命呢？那就是，我的生命体验仍在继续。我能意识到自己仍然是活着的，我有一个未来。我会对窗外晨曦映照下的运河上的美景发出赞叹，我明天很可能还会是这样的。然而，逝者肯定不会有这样的体验，当然，也肯定不会有未来吧？

这些问题暴露出我们在看待自我的问题上仍然固守旧的、前量子时代的方式，不仅包括我们看待自我的幸存方式，还包括我们看待活着的自我穿越时间与其他人相关联的方式。从经典的自我观来看，这种自我观不是二元论者的（我的头脑和我的身体是分离的实体），就必然是唯物论者的（我就是我的大脑），没有办法解释自我在时间中的持续性，也不能解释死后的生活，更没有办法解释亲密关系。[1] 相比之下，从量子角度来看，我在时间中的持续性、我与他人的亲密关系以及我死后的生活，不存在任何明显的区别。对相隔与死亡做明显区分已经没有意义了。

从量子角度来看，随着时间的推移，我与自己的关系——通过量子记忆积累起来的许多亚我的结合，就像任意时刻我与另一个人的亲密关系一样。在这两种关系中，"我"作为"现在"的我，都来自我大脑中量子系统上错综复杂的模式

---

① 参见第 8 章、第 9 章的论证。

（振荡）。其中一些模式来自我过去建立的神经通路，另一些模式则来自另一个大脑中量子系统模式的非局域关联，①两者被融合后成为"我"。

我是我（所有亚我的联合），但我也是我–和–你（和你的联合）。如果我死了，持续的对话就不会再产生于我的自我这独特的模式中——这种模式源自我所有的过去、意识与经验、关系、遗传物质、身体特质等的结合。用量子物理的语言来说，我将不再有"粒子性的一面"。但我的部分自我已经与你建立了关系，即我的"波动性的一面"，也就是我–和–你的关系，将继续作为你与自己、与其他人对话的一部分。

因此，只要是你经历过的事情，就是我–和–你共同经历过的事情；只要你有一个未来，我–和–你就有一个未来。当我活着的时候，即完全按照字面意思理解的活着的时候，我创造了我的自我；当我死后，当我不再是一个"粒子"时，你创造了我。

从原则上讲，活着的我创造自我（编织我自己）的方式和我死后你继续创造我的方式略有不同。毕竟如果你和我有亲密关系，在我活着的每一时刻，都有一部分是你创造的。在我个人进化的这些阶段之间没有明显的分界线（在我的人生阶段和死后阶段），它们都是一个正在进行过程中的两个方面。

当我活着的时候，我时刻在变化和成长。这对我的身体和我的性格来说是如此，对"我"的整个模式来说也是如此。

每天，我大脑中数以千计的神经细胞和我身体中数以万计的细胞死去并被同类细胞取代，②而"我"仍继续活着。同样地，现在的"我"虽然有一部分来自昨天的"我"，但仍是一个进化着的人，昨天的"我"通过进化着的我重获新生。

---

① 从两个独立的大脑内部产生的重叠量子系统是不是由非局域相关效应引起的，这是"有根据的"推测。这种关联效应确实存在于不同激光束中的光子之间，并且充满了量子真空。但是，基于我们还不知道的物理过程，对人的重叠可能有其他解释。

② 脑神经细胞的情况有所不同。一旦大脑成熟，死亡的神经细胞就几乎没有替代品了。

所以我童年的自我已经完全不是以前那个自我了，但它依然活在我的内心，其中一部分使我成为现在的我，还有一部分是通过我来经历它自己的成长（我是驻留在我内心的孩子的母亲）。

因此，我总是把我的未来授予另一个人。当我活着的时候，另一个人就是"我"——我的许多个自我，我将逐一成为它们中的一个；我死后，另一个人就是你。但我的成长没有停止。我的成长过程还在继续。

通过量子记忆所能实现的过程，来洞察人的形成过程和连续性，这是量子物理学为我们展现的生存于世的深远的愿景之一。它涉及我们的核心，这个核心包括我们自始至终对自我的感觉，包括如何理解我们与自我和我们与他人的关系——无论是在时间内的关系，还是超越时间的关系。它让我们能够置身于这个世界中，不只是此时此地，而是永远。

就像电子一样，我们每个人在空间和时间上都是一个"点源"（我们的粒子特性），同时也是一种由我们与他人的交往融合而形成的复合模式（我们的波动特性）。我们是活的能量模式，产生于我们自身之内（我们的遗传密码、身体的结构、感官和所有经验），也产生于我们自身之外（他人的结构和经验，其中许多生命在我们之前，还有许多生命将在我们之后）。我们没有办法说清这种模式从哪里开始或在哪里结束。"我的开始就是我的结束。""我的结束就是我的开始。"

所有的生命都是一个连续的过程，而我们是其中的一部分，这种观点本身并不是新的。任何一个接近自然和自然过程的人都能看到情况显然是这样的。不需要新的物理学来证明我的身体是由曾经构成星尘的原子构成的，总有一天它们会在遥远的星系中找到自己的家。我是由构成宇宙的原材料组成的，而宇宙也将由我组成。同样清楚的是，我从母亲那里得到了一半的遗传物质，其中相当一部分又遗传给了我的女儿。

但是，有了自我的量子观，并且了解了如何把自我正确地（物理地）融入他人自我（已经成为他们意识的量子基底上的模式），那么我在这个过程中的位置就会变得更加个性化和更加持久。我不只是过程链上的一个环节，不是别人通往未来道路上的一座桥梁（这些都是牛顿式的想象——时间是一系列连续时刻的概念）。相反，有了量子过程的视角，就能用一种新的方式清楚地表明"我"不只是我身上的原子或基因，还包括我的个人存在——我的模式，将是未来一切的重要组成部分，就像我是现在的关系的一部分一样，甚至，也极可能是过去对未来的预示。

正像两束独立的激光束之间没有时空（它们的波型会穿越时空相互干扰）一样，自我之间也没有真正的时空划分。我们都是个体，但都是一个更大统一体中的个体，在这个统一体中，每个人的存在都是由其他人来界定的，同时每个人也获得了"永生"的筹码。

要理解这一点，要理解所有人在物理上相互融合程度的全部真相，就需要在认知自己和认知我们与他人关系的整个方式上进行一场变革。当我们把量子概念应用到自我的本质时，就需要这样一次变革。我们知道量子物理学要求我们改变空间和时间的概念，但现在我们必须承认它触碰了我们每个人的人格的核心。

把自我视为量子过程的一部分，把人的全部生命理解为我和你的重叠、现在与未来的融合，其中有些东西是非常女性化的。而把东西挑出来，把它们视为独立的，为它们命名，并依照逻辑来组织它们，这些都是男性化的特征。如果你喜欢这样说，那么我们可以说这个特征来自智力的"粒子特性"，女性则喜欢寻找事物之间的联系，这反映了心理上的"波动特性"。

我对这个过程的真正理解源于怀孕和初为人母的经历，但一个人不必是母亲，甚至不必是女人，也能理解量子理论的本质联系，以及它告诉我们的有关我们的自我是一个量子系统的概念。我们所有人，无论是男人还是女人，都有女性的一面、"波动性的一面"、妥协而不是控制的一面，以及"把自己交给"核心自我之外的事物，而不是专注于围绕核心自我建立边界的一面。如果我们要超越孤独感和由孤独感产生的不必要的死亡恐惧，就必须培养自己的这一面。

为了最大限度地使用量子关系和量子记忆，我们所采取的妥协不是消极的妥协。这种妥协不同于神秘主义者或离经叛道者的那种消极的妥协。

亲密关系中的"我"和"你"只存在于最开始的我和你的关系中，所有关系的建立都是付出努力的结果。两种化学物质通常不会放弃它们的惰性而结合在一起，除非它们被增加的热量所激发。因为它们必须克服它们的势能门槛。同理，我只有在付出额外和努力、极大的精力来整合我内心的许多亚我时，我才能把我的自我"聚集在一起"。同样，我与你互相融合的程度仅限于我的自我对此的承诺。

我必须把我所有的热情、忠诚和关怀都聚集在我－和－你的关系的不断演变的过程中，无论是更私人的一对一关系中的"我和你"，还是广义上的"我和你"，即家庭、团体、民族、整个生命，在这种多层关系的每一层中，我自己的存在都能与其他人的存在混合、重叠和缠绕，但所达到的程度要确保我自己在事物发展进程中的位置。

从量子的角度来看，一个想要在永生中找到自己位置的人，就必须全身心地投入现在生命过程的关系之中。

我想起了那首老歌，说我们不能坐一辆老旧的福特汽车去天堂，因为老旧的福特汽车不能把我们带到远方。同样地，如果我们对现在的关系没有付出相当程度的承诺和责任，就无法在别人的未来生活中获得一席之地。我们有多少回报取决于我们有多少付出。我们只能在我们曾经的生命的范围内生还。

> 我们必须默默地继续沿着前进的方向，
> 去迎接没有硝烟的那场硬仗，
> 为了获得更大的联盟，更深的交往。

第11章

走出自恋：新量子心理学基础

我与时间（历史）的关系具有量子特性。

以萨特为代表的存在主义思潮在20世纪流行于西方，导致了西方自恋文化的产生。

西方心理学家尝试和采用了各种理论模式，试图消除人们心中的孤独、恐惧和绝望。但所有模式都没能摆脱二元论的分离思想。

作者对存在、本质、自由选择、承担责任等存在主义哲学中的论题，运用量子理论逐一加以讨论，并提出建立基于量子理论的量子心理学思想，从而使人与周围的各种因素不再是分离的、对立的，而是在一个关系整体中相互融合、相互依存和相互创造。

　　新的自恋者情感肤浅，惧怕亲密关系，被虚假的自我认知所激发，沉溺于混乱的两性关系，害怕衰老和死亡，他们已经对未来失去了兴趣。

　　　　　　　　　　　　　　克里斯托弗·拉什（Christopher Lash）[①]

　　害怕亲密关系，恐惧衰老和死亡，以及对未来失去了兴趣，这些似乎与量子术语中所理解的与自我生存相关的关系和关注点截然不同。然而，这种令人不安的焦虑情绪是我们情感经历中所熟悉的部分，我们需要去超越它，这是我们作为个人和我们的文化所面临的最紧迫的挑战之一。

　　在 20 世纪，西方人主要生活在一种以我为中心或以当下为中心的文化中。这就是克里斯托弗·拉什以及其他一些人所说的自恋文化。这是一种强调"我"和"我的"重要性的文化。个人（他的体验、情感、"幸福"）是被关注的焦点，也是真理和价值的焦点。

　　如果某件事让我感觉很好，那一定是一件好事。如果某件事对我来说是真实的，那它一定具有某种有效性。"每个真理都是对某个人的真理"，而且我的观点作为我观察现实的窗口都具有特殊地位。我的经验才是最有价值的，我应该想拥有多少就拥有多少。我必须"忠实于自己"。所有这些以自我为中心、认为自我

---

① 摘自《自恋主义文化》（*Culture of Narcissism*）。

最重要的伦理都被归纳在"格式塔祈祷词"中，这是 1960 年自我意识运动的核心，尽管它的吸引力绝不仅限于格式塔心理疗法的追随者，也不仅限于 20 世纪 60 年代的那个 10 年。

> 我摆我的子，你走你的棋。
> 我来到这个世界不是为了达到你的预期。
> 你来到这个世界也不是为了达到我的预期。
> 我是我，你是你，
> 如果我们碰巧相遇，那只是意外惊喜。
> 如果没有相遇，那就是天意。

所有这些被娇宠的人随后产生的自私、浅薄、疏离感和不快乐情绪（这是悲哀的讽刺，在如此强调个人的文化中，他的个人价值感和能力感被极大地削弱了）是我们大多数人在日常生活中所熟悉的问题。正如许多心理学家所指出的，自恋更多的是与自我憎恨有关，而不是与自爱有关。自恋通常与空虚感、无价值感、个人崩溃感和压抑的愤怒感有关（见表 11–1）。这些症状是许多社会对立和个人痛苦的根源，由此产生了一类流行文学作品，其中包括拉什的《自恋主义文化》，以及艾伦·布鲁姆（Allen Bloom）的《美国精神的封闭》（*The Closing of the American Mind*）。这两本书都形象地描述了一种副作用，这种副作用就是由于过分强调了被我称为我们的"粒子一面"而产生的。

自恋是一种关系病，这种病源于无法与自己和他人建立有意义的关系。在它的反面是另一种生活态度：强调承诺、参与、爱、奉献的重要性，甚至在最极端情况下可能会牺牲生命。这种态度使个人超越自我，超越自己的经验孤岛，超越自己的感情和思考，并使自己置身于更广阔的生活和人际关系之中。这种生活态度过去存在过，更多的是在宗教时代，但不是我们自己文化中的主旋律。

显然，并非所有西方国家的人都过着空虚和自恋的生活。许多人拥有令人满意的人际关系，知道承诺、亲密关系和奉献的意义。更多的人拥有理想。但是我们的自我模式是一种自恋模式——当我们想知道自己是谁、我们的行为有何价值时，我们所看到的心理映像必然来自我们目前的个人心理学。如果我们想超越这种模式，就必须超越它所基于的心理学。

表 11-1　　　　　　　　　　　　　　　　自恋的三种表现形式

虚假的自我——自恋者为了让自己感觉更好而形成的防御	有症状的自我——由此产生的感觉
对成就的依赖	
完美主义	易受羞辱、谦卑
自大 – 无所不能	忧郁症、身心失调症
骄傲	无价值感、自我贬低
权利	孤立、寂寞
自我卷入	沮丧、惰性、工作压抑
对他人的操纵和物化	
真实的自我——自恋自我的实际特性	
空虚的感觉、虚无的感觉、伴随着无力和自我分裂的恐慌	
对关系合时宜的要求：合并、双生、对照与理想化的转移	
合时宜的要求失败后产生的愤怒和受伤害的情感	
寻找、发现和发展真实的自我：内在的能力、认同、抱负和理想	

资料来源：表格改编自约翰逊·斯蒂芬的《让自恋人格人性化》。

我们现在对人的心理研究几乎完全建立在这样一个模型之上：把自我看作一个孤立存在的事物。这个模型在 17 世纪后西方时代知识传统的不同方面有很多来源，尤其是在传统宗教衰落和现代科学即笛卡尔的哲学和牛顿的物理学兴起的时期，弗洛伊德把这个模型看作一个连贯一致的人的心理模型。许多人由于对他的著作没有透彻理解，因此一直受它影响。这种影响是如此之大，以至于无法将我们目前对自我的理解与弗洛伊德早期的更广泛的理论框架分开。

弗洛伊德概念的核心是：世界由自我和客体组成，由于两者本质上分离，因此彼此是陌生的。

在我最近参加的一次会议上，英国一位著名的弗洛伊德精神分析学家说："对自我来说，我是一个自我；但对他人来说，我是一个客体。对别人来说，我是一个东西，一个'何许物'；而对我的来说，别人也是客体。"整个弗洛伊德心理学就是关于个体及其"客体关系"的心理学。

此外，弗洛伊德早期强调的所有神经症的性起源和以快乐为原则的主导思想，把人类描绘成一种自私的生物，被本能的冲动和快感所束缚。他坚持主张精神分析师要扮演被动的角色，这不但恶化了患者与测试方法相隔离的状况，也断绝了医患之间有滋养的关系。弗洛伊德思想中的这些特征，在他的追随者中产生了一种反应，最近一次统计结果表明，大约有 250 种不同的治疗方法正在尝试中，试图超越他早期思想的狭隘范围。

弗洛伊德的一些继承者，如阿德勒，试图强调人类的社会本质，鼓励更负责任、更忠诚的社会态度。另一些人，如卡尔·罗杰斯（Carl Rogers），则强调治疗师和患者之间的双向关系的重要性，认为这是一种共同成长的体验。为群体治疗的治疗师所强调的重点是整个人际关系网络，人本主义心理学家强调的重点是直接经验（如洞察、陶醉、交流，经常凭借药物、冥想或各种触摸带来的直接经验），而存在主义精神分析学家寻求"真实性"的获得，强调我们在世界上的存在。但是不管他们的目标是什么，这一切都助长了自恋者对自我的过度关注。

美国精神病学家杰罗姆·弗兰克（Jerome Frank）说："尽管所有的心理疗法都各不相同，但有一个共同的价值体系，即把达成个人的愿望或自我实现放在首位。个人被视为他的道德世界的中心，而对他人的关心被看作源于他自己的自我实现。我们的心理治疗文献几乎没有包含关于苦难的救赎力量、接受人生的命运、孝道、恪守传统、自我节制和中庸等内容。"

精神分析学和心理治疗法把自我孤立了起来，而医学精神病学作为一门与脑外科或普通医学同等重要的科学学科，它的发展进一步强化了这种孤立。精神病学家把人作为一个孤立的生理系统来对待，并把人在精神上的任何问题都看作由大脑系统内部的化学物质失衡导致的，而大脑的化学物质失衡是可以用药物来治疗的。

荣格的著作，包括对集体无意识的强调，有关人与事件之间同步联结的概念，在自我的更广泛定义中包括了统一性、整体性和永生的共享原型与形象等内容，在很多方面都是精神分析学和医学精神病学这些趋势的一个明显例外。奇怪的是，他的超个人心理学却对心理治疗的核心伦理几乎没有什么影响。

这种伦理，即以我为中心的社会风气，对没有直接接触过心理治疗师及其同行的那些人的思想产生了影响，同牛顿物理学对很少或没有直接接触过科学实验的那些人的思维和自我意象造成的影响是一样的。这些东西"正在流行"，成为我们衡量自己和行为的标尺，甚至已经成为我们的"坊间心理学"的基础。

如果精神分析和心理治疗的目的是个人的自我实现，那么它的失败就是肯定的，因为无法实现任何这样的目标。大体上来说，现在的人们与弗洛伊德开始研究工作时的人们相比，并没有得到更多的自我实现或自我满足。如果说有什么区别，那就是孤独感和疏离感（即远离自我和他人）是我们这个时代的问题，而不是弗洛伊德那个时代的问题，这个问题在很大程度上是自恋的结果。一些分析家已经指出，在寻求帮助的患者中，自恋型人格障碍的患者所占比例非常高。就心理学在这方面起的作用而言，正如艾伦·布鲁姆所指出的那样："唯一的错误是鼓励人们相信越是'自主'，沿着孤立自我的道路走得越远，人们就会变得越不孤独。"

让自我完全回到自己身上，只把自己当作意义、真理和价值的源泉，使自我汲取不到任何营养。如同不把植物栽在阳光下的土壤里，而是栽在遮阳棚下的"花盆"里，它的根很快会干枯，叶子会枯萎。所以，用布鲁姆的话来说是："必须有一个外部世界，才能使内部世界具有意义。"也就是说，一定有一些超越我们自身的东西，让那些自我能够感觉到我们是什么。

对于弗洛伊德著作中的细节以及他的追随者们对其思想的发展，我们有很多话要说。他为梦的解析奠定的基础、对重要的自我防御机制（抑制、合理化、投射等）的阐述以及对心理发展各个阶段的基本分析，都在我们理解个人心理动态方面发挥了持久有效的作用。同样地，在医学精神病学研究中，我们也发现了一个明显的事实，那就是自我的某些疾病是脑瘤或脑化学失衡的结果。但这样的见解缺乏有意义的语境，因此它们还不足以成为人类机能的范例。

我认为，对人的量子本质的理解，只要牢固地建立在意识本身的量子力学本质的基础上，就可以为我们提供一种范式，从而为一个完全不同的、不自恋的人的心理学奠定基础。荣格的一些追随者提出，更广泛地理解量子现实，将会为荣格的更广泛的自我提供更科学的依据，因而也会被更普遍地接受。

量子现实本质上相互交织，包括我们这类量子人、我们此时此地的量子视角以及"永生"，都取决于我们与他人之间加深的关系，以及实现这一关系所需的承诺，即我就是我的人际关系的概念，所有这些都需要彻底改变我们习惯的以自我为中心（因此产生疏离感）看待事物的方式。更深入地研究承诺的本质，即将我们与任何关系联系在一起的驱动力，可以使这种新的"量子心理学"的含义变得更加清晰。

任何承诺的根本基础是，我们被某些事物所界定，从某种意义上讲，我们就是由这些事物所组成的。责任感就是要求对其承诺的事物要有一种亲密的"归属感"，无论那些事物是拥有"真"和"美"精神价值的，是人际关系或社会关系（朋友、家庭、社区、国家）的，还是大自然本身的。一个没有责任感的人通常会说"这与我无关"，一个自恋的人则会感觉"这与我无关"。

在弗洛伊德心理学中没有承诺的概念，就像没有人际关系的概念架构一样。"承诺"这个词也没有出现在里克罗夫的《精神分析批判词典》（*Critical Dictionary of Psychoanalysis*）中。取而代之的是，弗洛伊德"性力投注"的概念，即附着在某种客体上的性冲动（libido），这种冲动既包括内在的又包括外在的。

性力投注的自我在发现自己痴迷于某件事物时，它的部分能量就会流向那件事物，就像电荷或磁力会导向相反的极性一样。这是一个机械论的概念，和弗洛伊德的许多概念一样，是以自我为中心的，是心灵将客体反射回自身时，孤独心灵的内在能量的动态平衡。精神分析学只从单一主体的角度来讨论客体和关系。

当然，弗洛伊德学派的确探讨过人际关系、承诺、调解、安抚和尊重他人的重要性，但在探讨过程中，发现他们自己的人类经验与他们的理论相矛盾，这暴露了该理论的缺陷。我们如何与客体进行调解或对客体做安抚？我们如何尊重他们，我们对他们做出承诺的基础是什么？要知道他们可是与我们完全不相同的。

同样，弗洛伊德的人的模型不是建立在对自然或精神价值做出承诺的基础上的。他的"科学心理学"旨在将自我理解为一个类似于植物和动物的生物实体，但他用机械论对生物学本身做出的解释，给我们自己和我们的生物同伴留下了一种决定论的、有点野蛮的印象。

他认为，动物（包括我们自己）的行为都被性欲望和攻击性这两个无法分割的本能所驱使。在人类中，这些本能控制着本我的黑色生命力，这就是我们所有的行为具有潜在无意识的原因。黑色生命力把我们与大自然捆绑在一起，并把我们束缚在那里，使我们成为野兽中的野兽。

对弗洛伊德本人来说，不可能把我们的自我交给自然，交给内心的野兽。意识（即自我）的任务是用理性的力量抑制和超越这些黑暗本能。因此，他有一句著名格言："本我在哪里，自我就在哪里。"然而，这就放弃了文明赖以存在的理性，使我们陷入悲惨的和难以忍受的冲突之中。

弗洛伊德认为，支撑我们生命、使我们凌驾于禽兽之上的精神价值观（爱、真、美、探究等），都是从我们更原始的自然本能升华（转化）而来的。这种升华的动力来自超我的指令，即社会价值观和行为模式的无意识内化，而这些价值观和模式是我们通过自己的父母获得的。这些指令不是我们自己本性中的一部分。相反，它们是从外部强加的，目的正是遏制这种本性。它们会使我们感到内疚，会让我们对自己开战。

弗洛伊德说："如果文明不仅极大地牺牲了人类的性行为，也极大地牺牲了他的攻击行为，我们就不难理解为什么人们很难在这样的文明中使自己感到幸福。其实原始人由于不限制其本能，境况反而更好一些。然而，能让我们感到心理平衡一些的是，原始人不能确定这样的快乐能持续多久。因此，文明人是用可能获得的一份幸福换取了一份安全感。"

因此，尽管我们确立精神价值观是权宜之计，是一种妥协，但也是明智之举。我们对精神价值这样的东西没有基本承诺。它们不是原材料，我们不是由它们组成的，它们是我们用来掩盖真实本性的（相当不舒服的）衣服。脱下它们，我们就释放了体内的兽性，体内的兽性摧毁了我们的文明；穿上它们，我们就会感到窒息和别扭。

在许多精神分析学家看来，存在主义者对承诺的强调尽管拓宽了他们工作的范围，并转移了他们工作的重点，但这种强调也存在许多相同的缺点，只是表达方法不同而已。对于萨特和早期的海德格尔来说，自我与他人之间存在着无法消除的隔阂，使人际关系中的承诺具有专断和以自我为中心的特性。我之所以承诺，是因为我选择这样做，并不是因为其他人以任何方式向我恳求这种承诺。其他人只不过是一面镜子，是用来反映自恋的我的存在而已。是我、我的选择，赋予了承诺意义和价值，而且我通过这种方式行使了我的自由，并从中获益。

存在主义者的"我"的本性，使他们在理解承诺或选择时更加异想天开和专断，因此也格外影响了他们对精神价值或对自然的承诺。

同弗洛伊德一样，萨特认为对自己的本性的承诺是不成问题的，这并不是因为本性残酷自私，在某种程度上损坏了自己的最大利益，而是因为它的存在本身不过是一种幻觉和借口。存在主义精神分析学家们总想把自己与"人性"、遗传倾向或性格等概念隔离开来——萨特的著名的"存在先于本质"。

他说："如果存在确实先于本质，就不可能用一种固定不变的人性来解释事物。换句话说，不存在决定论，人是自由的、不受限制的。另外，如果上帝不存在，我们就找不到使我们的行为合法化的价值观或命令。因此，在光明的价值观领域里，我们前无理由、后无托词。我们是孤独的，没有任何借口。"

"我"只不过是我的选择，是我的绝对自由的和绝对必要的做出选择并创造价值的能力。但是，精确的选择是没有必要的，甚至是没有基础的。对选择来说，没有理由也没有潜在的自然或道德规则要求它们是这样的或那样的。因此，我今天可能会选择对某些特定的人做出承诺，或对自己的一套价值观做出承诺，同样地，我明天可能就会选择其他的。我对我的自我且行且界定，没有什么是必须坚持的。我没有过去。这种对过去的否认是现代文化的一种特征，萨特的观点在一定程度上确实反映了这一特征，并且他的存在主义类型也在一定程度上对此做出了贡献。这种否认态度是自恋者对未来失去兴趣的根源。

克里斯托弗·拉什说："自恋者对未来不感兴趣，部分原因是，他对过去没什么兴趣。"由于在心理上失去了对过去丰富的经历和记忆的积淀，他患上了"心理贫瘠症，也无法在舒服和满意的体验中满足（自己的）需求"。由于没有什么生活内容可供汲取，他感到空虚，面对未来时无精打采，郁郁寡欢。

而在自我的量子观中，自我的本质和它对人际关系的承诺都是截然不同的。

首先，用萨特主义者们的话来说，量子自我既有本质又有存在。我确实是一个有身份、有个性、有风格的存在，其中一些来自遗传，我所做的事情和我所建立的关系都是"持久的"。这来自意识的物理学、来自大脑量子系统（其玻色–爱因斯坦凝聚态）与大脑神经通路之间进行不间断的对话。意识中的事件（即玻色－爱因斯坦凝聚态的激发，这是意识的物理基础）反馈到大脑的神经系统中，并形成新的通路或加固旧的通路。这些事件被直接"蚀刻"在大脑中。这些通路反过来可以在任何时候将信号作为量子记忆系统的一部分传回意识中，在量子记忆系统中，意识的激发模式与那些新经验或过去意识的激发模式重叠，从而"融合"并形成了我的不断进化着的自我。

因此，我的确是且行且构造了我的自我，每一段新的关系都在改变我的自我，并在一定程度上重新定义了我的自我，但我绝不像萨特所说的是一张白纸，我的过去也从未丢失。这就是承诺的意义和目的。如果承诺是一个过程，通过这个过程某个东西成了自我的一部分，那么这个自我必须能够将东西带入自身并保持其存在。因此它必须拥有一个"本质"。

同样地，用量子语言来理解承诺，它不可能是一个孤立的东西，与弗洛伊德的"情感投注"和存在主义的选择不同。这个承诺不是针对别人的，也不是投射在别人身上的，而是一种与他人紧密相连的忠诚行为，是对自我进行界定的一个基本部分，也是作为一个系统最本质的部分，这个系统一直忙于建立创造性的关系。如果我对你有承诺，就会把你看作与我有相同实质内容的物质，你的存在与我的存在永远纠缠在一起。这种纠缠现象的物理基础是量子独特的非局域性（即在明显分离的量子系统之间存在着超远距离的相互关系），以及凝聚性（即玻色子系统重叠和共享同一身份的能力）。

此外，我作为一个存在，我的意识依赖于这些量子现象，我所拥有的人性，是我与所有其他生物共享的一种本性，而所有其他生物是指其身体细胞中包含着量子系统（弗洛利希式的玻色－爱因斯坦凝聚态）的生物。实际上，最终我与所有其他玻色子系统都有同样的性质，而那些玻色子系统甚至在基本粒子的层面上也需要把相互关系作为它们存在的基本特性。玻色子本身就是"关系的粒子"。

因此，作为一个量子自我，我对整个自然界和物质现实世界的承诺是有基础的。我们基本上都是具有相同实质内容的物质。对于像爱、真和美这样的精神价值观也可以这样说。从量子的角度来看，这些价值观不仅仅是我自己的投射、弗洛伊德所说的我本性中黑暗的和不可接受的一面的升华，也不仅仅是我创造出来的东西——那种萨特所说的虚无的东西。它们有一个属于它们自己的存在，这个存在产生于它们作为"关系整体"的基本本质（关系整体就是在它们的存在中创建关系的东西），而这个本质恰好与我的自我是一样的。

显然，爱把事物（如艺术品或其他价值）和人联系在了一起。正如我在第 6 章中引用的柏拉图的话："相爱的两个人之间还有个第三者，那就是他们之间的爱情。"爱情本身就是一种存在，它产生于关系之中。

同样，美或艺术也是一种关系，它把以前分离的元素汇聚起来成为一个新的整体，于是这个整体就有了它自己的存在。例如，梵·高的画作《农鞋》，把农民、大地、天空、农民的劳动，以及与劳动相关的历史和意义等汇聚在一起。所谓真，就是在现实的元素之间、在这些元素与现实本身之间创造一种对应关系。海德格尔说得很正确："真与美或真与艺术，离不开彼此，也不能离开关系整体主义的表达。"

我的自我的存在源于关系整体的创造，从本质上来讲，我是一个与爱、真和美具有相同实质内容的创造物。不是因为我创造了它们，而是因为我的意识的本质与它们的意义的本质是相同的。我有能力通过我自己的存在，像助产士一样帮助它们表达（接生）出来，而它们反过来又塑造和形成了我的自我。任何精神价值都是如此，所有这些价值都具有创造关系的共同品质，因此它们都是与我有相同实质内容的物质。因此，对它们做出承诺是有坚实基础的。

宇宙中的所有量子系统，包括我们自己的在内，在某种程度上都是相互纠缠的（相关联和相融合）。即使是量子真空也充满了相关性。这种基本的纠缠是量子现实的本质。但这些相同的系统也有产生更多纠缠的潜力，即产生更多、更深层次的关系——那种潜力是心理学的一个重要方面，它基于人的量子本质。它给了心理学一种动力。

所有量子系统的基本弱纠缠现象给了我们承诺的基础，给了我们与生俱来的权利。但产生更多和更深纠缠（取决于这些系统之间达到的相似程度）的潜力给了我们一种做出承诺的动机。它激励着我们前行，给我们的生命指出了一个顺应自然的方向。

我的每一段亲密关系，无论多么短暂，都会"进入"我的内心，至少能给我的生命织锦上增添几缕细丝。但是，就像各种不同的小线段在织锦中几乎无法形成可识别的图案一样，许多短暂的亲密接触或小范围的介入，对我的自我或我与他人的联盟几乎没有帮助。因为它们太零散，使我缺少一个主题，缺少一个核心，缺少一个让我自己或其他人都能识别出来的与我或者与他们自己相似的东西。因此，我几乎没有可进一步发展关系的依据。

这就是自恋人格的现状。他无法体会对他人、对自然或对任何相干的价值观体系做出承诺后带来的感受，因此无法维系任何深层次的关系，他经历着自我的分裂，并且断绝了更加广泛的交流。

但是，如果我对他人（或大自然或某种精神的价值观）有了承诺，我就会通过一种重复的形式与他们（更多地）纠缠在一起。每一天，我都会通过大大小小的途径与其他人重新建立关系，也许通过更多的接触和更多的分享经验，通过回忆和反思，或通过我的承诺对我的思想和行为的其他方面产生的影响。我不断地接纳他人，从而增强了我的意识的量子基底上的激发模式。随着每一次重复，其他人的生命更多地成为我自己生命的一部分，并且更多地与我的生命的其他方面融合在一起。我们的身份重叠，我们的个人特性变得更加相关。我们的关系和我的自我都会相应地成长。我变成了一个扩展的自我，其中很大一部分是我 – 和 – 你。

同样，这种关于承诺的量子观也揭示了违背承诺的含义。如果我确实违背了承诺，那么我伤害的不仅是别人，还有我自己。不兑现承诺就是在逃避由这种承诺创建的关系，而我真正失去的是我自己的一部分。我失去了正在进行中的我 –

和－你的过程，这个过程不再是我生命中的一条主线、一个成长点。相反，这个过程就像我的总是被忽视的童年经历中的那部分一样，变成了一个亚我，在很大程度上脱离了我的自我的中心整合结构。我变得支离破碎。

但是，因为没有什么东西是完全失去的，因为每一段承诺的关系都会永远融入我的生命中，所以总有可能重新履行一项被违背的承诺，与过去的我－和－你重新建立一种创造性的对话，使我和你的关系得以重生——尽管是以一种不同的形式重生。这会让浪子回头的寓言再现。

因为，从根本上说，承诺的基础是与他人在一起有一种"宾至如归"的感觉，有一种"很投缘"的感觉。所以，在有许多共性的情况下，我们往往最容易做出个人的承诺，比如家庭成员彼此有共同的遗传基因和大量的共同经历，在团体中或具有相同文化背景的人有共同的习惯、语言和思维方式。

这种在初级层面上的相似性直接产生了承诺的效果，因为在拥有相同历史或传统的自我之间已经存在某种程度的相关性和重叠性。例如，已经有研究表明，最稳定的婚姻是那些性格和背景相似的伴侣的婚姻。他们在很大程度上已经是具有相同实质内容的物质了。这一点在母亲和她们的婴儿身上表现得更为明显，对她们来说，投射性认同（分享一种身份）是一种常态；对于同卵双胞胎来说也是如此，他们的生活在很多方面似乎有着惊人的关联。

然而，上面所说的内容属于极端情况，因为大量的重叠和相关性几乎是作为与生俱来的权力存在的；而在我们的情况中，即使是在我们的团体或文化中，也需要一些积极的工作来维系和深化关系。被团体或文化所珍视的某些价值观，在我们要坚持或者要更新它们时，可能需要采取一种巧妙的方式——对物质或精神方面成绩的赞美、满足希望帮助境遇不如自己的人的愿望、对个人自由的高度尊重等，或者可以通过更有组织的方式来表达这些内容。

在全球各国，那些庆祝仪式、周年纪念日和公共假日，反复唱国歌，祈祷，唱校歌或唱足球圣歌，向国旗和女王或总统等国家象征致敬，分享共同的文学作品，甚至品评某些电视节目，所有这些都在意识中形成了模式，使我们与团体或国家中其他人建立了更深层的相互关系。夫妻之间或家庭内部的类似仪式则是更私人化的。只要我们在一定程度上参与其中，就会在社交层面上或多或少地感到自在，或多或少地感到疏离，或多或少地感到空虚。

承诺对我们与自然的关系的影响，或者对我们与精神价值的关系的影响也同样可以用上述原理来说明。在某种程度上，我把自己暴露在大自然中，是让自己卷入与自然的关系中（在花园里刨土，种一棵树或照料一株植物，在山中漫步），因此我与大自然更亲密了，我自己也更加"大自然化"了。当伴随着想象，我开始聆听美妙的音乐时，或当我培养对美好事物的热爱时，我既吸收了美的精华（它所揭示的关系），又让这个世界上多了一种无价的、美好的事物。所有这些都对儿童教育有着非常重要的影响，并为柏拉图在《理想国》一书中论述的一些教育原则提供了现实的存在理由。

因为个人承诺的基础是感觉到对方在某种程度上是我的一部分，所以对完全陌生的人很难做出承诺，但并非不可能。毕竟，我们与所有其他人类拥有共同的意识本质、同一部生物系统发育历史和在一个星球上的共同命运，以及一种微弱的、潜在的量子关联。然而，这样的承诺需要做更多的工作，并且至少需要向这些被承诺的陌生人做一个基本介绍。

在另一个我完全不知道的国家里，我对任何人做出的承诺都是毫无意义的，但当我在电视屏幕上看到苏丹沙漠中饥饿的居民或孟加拉国水灾受害者痛苦的画面后，我一定能感受到对他们做出承诺的意义。然而，这种承诺更多的是超越个人的，而非人与人之间的。这更多地与精神价值观有关，如爱、真和美（在这里指的是人道主义的关爱和对人类苦难的关注），而与我和他人直接的个人关系无关。这种承诺的转化力量并不在于把那个遥远的陌生人的存在与我的存在融合在一起，而在于我对他的苦难的关注，使我的超越个人的价值观"定位"被更新并被巩固了。这反过来又促进了我的自我与更广阔的世界的融合。通过关爱他们，我将自己带入与人和事物的关系之中，这种关系超越了更亲密、更私人、更熟悉的关系。

以自我的量子本性为基础的人的心理学，强调所有这些关系，并凭借个人的真正本性在超越自我的世界中建立个人的地盘。对这样的个人来说，对他人、自然和精神价值观的承诺是他存在的本质，孤独、空虚、疏离或自我卷入的自恋症在他那里是没有基础的。正如诗人约翰·多恩（John Donne）所说："没有人是一座孤岛，是完整的自己；每个人都是大陆的一小块儿，是主体的一部分。"

从本质上说，与我的自我关联就是自我与他人关联。首先成为一个自己，所有现实才能通过你的存在得以表现。正如阿瑟·米勒（Arthur Miller）在谈到易卜生、契诃夫和希腊人的艺术形式时所说的：

> 这些形式能吸引人的原因是，它们允许甚至要求，个人心理与社会就像它与生命一样紧密联结，只是我们只知道一半。水在鱼中，鱼在水里，两者是无法分割的。

个人心理和本性，或者说个人的心理和精神价值观也是这样的。我们不能把个人的意义从他对这些事情的参与中分离出来。

建立在人的量子本性基础上的心理学也同样携带着某些基本的精神道德上的含义，这些含义来自内在的自我本质，即一种在最基本的层面上与整个现实共有的本质，并为一种新的"自然法"道德奠定了基础。[①] 在这一点上，它也与存在主义和弗洛伊德模型有着根本的不同。

在弗洛伊德看来，道德是由文化上的超我强加给我们的，它的要求令人难以忍受，是导致精经疾病的一大源头：

---

① 随着其余各章的展开，这一声明的充分理由将变得更加清楚。

它假设一个人的自我在心理上有能力做任何需要它做的事情，自我对本我能无限掌控。这是个错误的假设……如果对一个人要求过多，他就会产生反抗心理，或者患上精神疾病，或者变得不快乐。"爱邻如己"这条戒律是不可能实现的；如此夸张的爱只会降低爱的价值。

因此，弗洛伊德和他的所有追随者都把保持道德中立作为治疗病人的一项关键技术。精神分析和心理治疗就应该是"无价值观的"，这样一来，病人就可以在没有负罪感和压抑感的情况下探索自己的情感。任何涉及道德的暗示都会被治疗师指责为"说教"。

尽管很少有分析师或心理治疗师打算这么做，但大众已经被这种价值观中立的治疗思想彻底洗脑。这也成了一种更普遍的借口，认为任何行为都是可以被接受的，或者至少是可以被宽恕的，只要这个行为是"诚实的"，或者只要这个行为源于灵魂的基本驱动力或者灵魂的历史。这助长了一种危险的道德相对主义，并在基本的对错面前畏缩和胆怯。

从人的量子观来看，不像爱自己一样爱邻居是不可能的，因为我的邻居就是我自己；当然，如果我们之间有任何亲密关系。我和他之间的关系就是我对自己的自我界定的一部分，如果我真的爱自己，就会同样爱自己界定的那个部分。

在量子心理学中，没有孤立的个人。个体确实存在，有一个身份，有一个存在的意义和存在的目的，但就像粒子一样，每个个体的存在只是一种个性的短暂表现。这种个性与所有其他的个性都是非局域相关的，并在某种程度上与其他个性融合在一起。

每个人做的每件事都会直接影响所有其他人。我是我兄弟的监护人，因为我兄弟是我的一部分，就像我的手是我身体的一部分一样。如果我弄伤了我的手，我的整个身体都会感到疼痛。如果我伤害了我的意识，让它充满恶意、自私或邪恶的想法，我就伤害了整个非局域联结的意识"场"。由于我们与他人、与自然界、与价值观领域是整体的关系，我们每个人都有能力使永生之水变得美丽或肮脏。因此，由于我们的量子本性，我们每个人都肩负着令人敬畏的道德责任。我对这个世界负有责任，因为用已故克里希那穆提的话说就是："我就是这个世界。"或者，如荣格所说：

> 如果世界出了问题，那么首先是因为个人出了问题，因为我出了问题。所以，如果我是明智的，就必先把我自己纠正过来。

这种责任本身就赋予了我们存在的意义和价值，但我们中的任何一个人能在多大程度上履行这种责任呢？如果一种有关承诺和责任的心理学本身具有任何价值，它就必须提及人类自由的问题，即我们中的任何人能在多大的自由范围内履行我们所选择的承诺，或者承担我们天生的责任。因此，量子心理学必须为选择的真实性和有效性提供某种解决方案。

第12章
解放自我：量子责任

作为宇宙中有自由意识、自由选择权利的人，我们必须承担相应的责任，并且完全有能力承担责任。

本章论证自我意识、自由选择与承担责任的关系问题。这也是西方存在主义哲学的主要论题。

建立在决定论基础上的经典科学，认为人的自由意识和自由选择是不可能存在的，人的行为与意识完全被外部因素所控制，根本不能发挥主观能动作用，因此也无力承担任何责任。

建立在量子模型上的自我意识，与大脑（物质）的物理活动密不可分。大脑本质上具有量子不确定性，这代表了自由。因此，人的意识是自由的，不是决定论的。人的自由选择过程也是一个量子过程，人做出的任何选择都与其生命的整个历史、生活、社交、思考等因素有关，这些因素决定了做出某个特定选择的概率。选择行为也是自由的，但不是孤立的，而是与各种因素相关联的。

　　生命怎么能在"外层"遵循决定论，而在"内层"又完全是自由的呢？也许我们有一天会了解得更清楚。

德日进 ①

　　在英国，人们曾在报纸上对一位已婚男子获得缓刑表示强烈的抗议，这名男子在妻子怀孕的最后几个月里强奸了 8 岁的继女，但却得到了宽大处理。允许该男子自由行走的法官说，该男子的行为是可以理解的，因为他的妻子暂时对正常的性关系不感兴趣，这让他感到沮丧，并认为该男子可以不对自己的行为负责。

　　公众在判决后发出的强烈呼声表明了他们不认可这个判决。大多数人或者至少是大多数直言不讳的人，认为该男子应该有能力控制住自己的犯罪冲动，因此，他应该对那些不但是违法的而且在道德上令人不齿的行为负全部责任。最后，上诉法庭达成一致意见，将该男子送进了监狱。

　　这起案件引起了公众的极大不安，因为它涉及的问题远远超出了一位令人不齿的英国继父的归责范围，甚至超出了继父的一般罪责范围。这件事戳中了我们大多数人的神经，使我们必须思考在什么范围内我们可以享有自由行为的权利，以及在什么范围内我们必须承担由此带来的后果。这样的问题，尽管直接触及我

---

① 摘自《人的现象》。

们作为人类的本质，但一直处于我们最理性的论证的边缘，或者超出了我们最理性的论证的范围。

我们和其他人都是自由的，这一点毫无疑问，因为我们能自由地安排自己的感情和约会方面的事务。自愿行为、自愿选择或意愿本身这些概念全部建立在这个基础之上。当然，自发性概念和包含敬畏与惊奇、自豪与羞耻等感情的概念也建立在这个基础之上。

无论是轻松举起手臂或随时从椅子上站起来这类微不足道的琐事，还是选择结婚对象或职业这样重大的决定，抑或决定花更多的时间陪孩子玩游戏还是继续履行自己的承诺，每件事情的决定看起来都取决于我们自己。在每种情况下，我们都觉得我们是自由地做选择或决定的，因此我们也必须为这些选择和决定承担相应的责任，接受相应的称赞和责备。

不过，我们所体验到的这种自由，往往与我们要捍卫它或为它辩护的任何论点相冲突。我们有些类似的经历，比如我们很难理性地去论证我们凭直觉了解的东西。然而，就自由及其伴随而来的责任而言，以某种理性为前提至少对理顺我们的社会关系是非常重要的。

在任何现代社会中，人际关系的框架都是建立在法律体系之内的。这些法律体系反过来又取决于我们最理性的论证，即关于我们要做的事情有哪些是对的或是错的，以及在怎样的程度上我们能做或者不能做。如果我们不能证明我们是自由的和负责任的人，不能证明我们有能力在对与错之间做出决定，并根据这个决定采取相应行动，我们就是接受了强奸案法官或现代社会学和精神病学中许多人所表明的态度，这些态度受到我们关于人的现代心理学的强烈影响。

所有关于人类自由意志的讨论都是从人性或人类在宇宙中位置的角度来表述的。这些讨论，即我们内在的自由、我们拥有思想和做出选择的自由，不受可能的外部条件（比如政治制度、父母规则、身体能力、缺陷等因素）的约束。我们能否达成意愿，事实上，我们是否真的拥有任何意愿，取决于作为人类的我们到底是什么，或者我们对自己的行为拥有多大的决定权。在过去，也包括现在，这样的讨论往往支持了某种形式的决定论观点，认为我们的行为是确定的，在某种程度上是无法控制的；意志的自由只是一种幻觉，是不可能存在的。

古希腊人把这种决定论表述为命运。因为面对大自然的剧烈变化，他们束手无策，也无法了解原因，于是就把自己的活动看作由超出他们认知或控制范围的某种力量和阴谋预先设定的。"是什么样的残酷命运把我带到这场血腥的行动中呢？"这是回荡在古希腊悲剧中的呐喊，悲剧的概念本身就是基于这样一种观点，即无论我们做什么，某些结果都是不可避免的。悲剧中英雄的角色和处境一旦被设定，他们就别无选择。悲剧的悲哀之处就在于无法消除它。亚里士多德说，悲剧唤起的是怜悯和恐惧的情感，而不是对它的指责。

今天，我们被科学所吸引，因为它能告诉我们事情发生的原因，包括我们自己行为产生的原因。如果我们怀疑我们享有自由和履行责任的能力，那是因为科学给了我们怀疑的根据。如果我们要超越这种怀疑，其根据很可能也来自科学。

事实上，现代科学从两个方面削弱了我们的自由感和责任感，一方面是通过它对我们在宇宙中所处位置的描绘；另一方面是通过它给我们提供的理解人类本性的模型。在牛顿那无生命的寂静的宇宙中，我们这些拥有意识的人类既没有发挥任何自己的作用，也没有任何力量来阻止盲目的和不可变的势力的发展。正如伯特兰·罗素在他后来对人类与天奋斗精神的极度悲观的描述中表达的那样，"无视善与恶，不计后果地摧毁，使得具有无限毁灭力的事情接连不断地出现"。

在罗素看来，这是由人类的无能而导致的一种反抗信念，但对很多人来说，它也会导致意志的丧失（沮丧和绝望），或导致无情的权宜之计：如果到头来一切都归于尘土，我做什么、选择什么又有什么意义呢？我的自由（如果我还有），早已丧失了全部意义。

科学技术的副作用加剧了这种意志的丧失。我们许多人依赖大量的没有人情味的生活必需品，或者在大城市里生活，或者在大企业集团中工作，因为在这些地方，个人的选择和行为对我们周围发生的一切事物似乎不会产生任何影响。这也是现代文学中一个反复出现的主题。

不自由的感觉来自支撑科学的古典物理学的非人格化的和决定论的本质，这种感觉也反映在一些后来者的历史决定论中。这是由我们无法控制的力量从外部强加的决定论。但是科学的决定论也进入了我们现代人的心理学中，不仅否定了我们选择的有效性，还否定了我们选择的真实性。

弗洛伊德在撰写他的《科学心理学》时，开始在人类心灵中寻找规律和作用力，这些规律和作用力与他那个时代的物理化学中的规律和作用力相对应。

他认为，如果所有的心理活动，最初都是来自本能的、生物学的和肉体上的无意识的心理作用力的结果，那么人类的心理学就可以用相互作用力来描述；这些作用力从原则上讲，是可以量化的，不需要借助任何重要的心理整合媒介。此时，心理学就像物理学一样，将成为一门自然科学。

简而言之，根据弗洛伊德的理论，人类的心灵在本质上是被无意识力量束缚的奴隶，这种无意识力量超出了人类的认知范围，也超出了人类的控制范围。正如弗洛伊德的一位追随者所评论的那样，如果按照弗洛伊德的本意来理解，这个模型将意味着"所有有意识的决定都完全是由无意识力量决定的……所有决定都是一种幻觉，意识没有发挥作用"。

就像弗洛伊德的许多概念框架一样，他的精神决定论并没有在他的实践中得到充分的实现，而且被他的许多追随者大大地弱化了。然而，它在许多精神病学和心理治疗方面引导了决定论的倾向，并在学术界和大众头脑中留下了确定的印记，使人们对人类能选择自由和担负责任的能力产生了严重怀疑。

《哲学百科全书》中提道："哲学家们几乎完全同意，如果一个人的行为是他的神经官能症或内心强迫症的结果，而他对此无法控制且一无所知，那从某种重要的意义上说，他没有道德责任，但无论如何他也肯定是不自由的。"这种基本概念表明，我们的自由受到了一种决定性力量的限制，这种决定性力量来自无意识本能的力量。这个概念很快成为人们更普遍怀疑自主权和责任义务的根据。

目前，我们关于人的心理学（即普通人与专业学者、律师和法官所理解的）是一种古怪的决定论概念的大杂烩，其中既有直接来自科学本身的，也有对弗洛伊德试图把科学应用于决定论的融合思想的一知半解。他们那些最初的观点（如我们的自由受制于本能或历史）被社会学家、心理学家和各种各样的权威人士进行了扩展，其中包括宣称我们的行为取决于我们所处的环境、我们财富的多少、我们的协会组织、媒体甚至是政府的政策。

在伯恩斯坦的音乐剧《西区故事》（*West Side Story*）中，小流氓们讥笑克伦克警官时说："我们不是坏人，我们是被剥夺者。我们被社会剥夺了。"在20世纪80年代的英国，我们都被认为是自私的和贪婪的，因为当时的英国政府坚持企业自由经营和竞争的价值观。所有这些主张的结果是，对自由的个体负责任行为的期望值降低了。这无疑具有政治影响，并已渗入我们的法律制度中。

美国律师克拉伦斯·达罗（Clarence Darrou）是第一个充分利用这一概念的人，他认为罪犯无法控制自己的行为。在他的精彩辩护中，他从不会在被辩护人是否假装无辜的问题上纠缠，而是宣称在面对无法控制的力量时被辩护人是无助的。从那以后，许多律师都采取这样的辩护手段。本章开头引述的强奸案法官的判决只是他们最近成功的一个例子。

在过去的几十年里，计算机技术和大脑的计算机模型极大地激发了人们的想象力，进一步支持了现有的科学决定论。但是计算机不会做出负有责任的自由决定，它们只会执行程序。我曾经抱怨新的文字处理软件删除了我一整天的工作成果，计算机销售员提醒我说："把责任推给计算机是没有道理的。你是操作者，错误是你犯的。"

但是，这个会犯错的"我"的存在，恰好暴露了试图将经典科学的决定论原则应用于人类行为的做法具有深层错误。"我"是一个活的行为主体，但在经典物理学中不存在活的行为主体，只存在定律。

如果我试图用经典术语来定义我的"我性"，即我的活的行为主体，我就会陷入之前讨论过的还原论者的陷阱中。"我"就会不可避免地分裂成一堆单个神经元，它们像乱麻一样纠缠在一起，其中没有一个会对我可能采取的任何行动负责。我找不到替罪羊。

只有在一个人的量子模型中，"我性"产生于大脑中一个相干统一的量子状态，才有可能存在任何一个有控制力的"我"，去犯错误或者去避免错误。这是因为作为意识的物理基础的玻色－爱因斯坦凝聚态产生了一个电场，这个电场影响着大脑中的大部分区域，而凝聚态中的任何模式（思想、冲动）都会对许多大脑神经元产生相关作用，同时影响它们的激发电位，使它们成为一个整体。

然而，即使给出一个行为主体的量子模型，没有一个类似的非经典的选择模型，没有一个关于自我如何控制它的行为主体的非经典模型，那么这个"我"不必为所犯的任何错误承担责任，也不必接受谴责。在经典的概念中，无论自我的本质是什么，都没有行使自由的余地，也无须承担之后的责任。

在经典物理学中，甚至很难定义我们所说的"自由"是什么意思。有些模型有很明显的随机变化的性质，例如，气象变化、软木塞在湍急的水流中漂浮的状态，詹姆斯·格莱克（James Gleick）在《混沌》（*Chaos*）一书中所详述的许多随机状态中的任何一个例子，但是在这些例子中，因果关系链条的复杂度是如此之大，以至于我们根本无法彻底了解它。但因果关系本身仍然存在。因此，这些并不是真正的自由的例子。

然而，从量子论角度来看，如果不正视自由的意义，就不可能为我们人类下定义。意识在本质上是一个量子系统，它是贯穿于我们生命中每一时刻的一条自由的纽带。

在任何量子系统中，自由的物理基础都是量子的不确定性，即量子波函数无法被"确定下来"；就像薛定谔的猫，既不是活的也不是死的，因为作为一只量子猫，它的活状态和死状态是同时存在的。也就是说，它是两种可能性的联合体，到底哪一种可能性会成为现实则是完全不能确定的。没有任何经典的定律会明确地告诉我们，用这一种方法观察猫时会杀死猫，而用另一种方法观察猫时会解救猫。这就是一个概率问题。

有些人认为，这种量子不确定性可能与人类自由意志的问题有关，因为没有可靠的意识的量子模型作为基础，所以这一观点尚未得到发展。我想我们可以期望对这个问题做进一步的研究。

在我们思维过程的边缘，我们都是量子猫，我们的不确定的量子波函数（大脑中玻色－爱因斯坦凝聚态的模式）携带着多变的不同程度的现实和非现实。

如果我们仔细地回想在任何时刻我们有意识的思维内容，我们就会意识到一组模糊的多重思维内容、一组"可能的思想"。这是意识的边缘区域，被一些诗人称作"心灵的暮色"，在入睡前、在深度静思的状态下或者在某些药物的作用下，我们最容易进入这些区域——这些区域总是存在的，处在任何集中注意力的行为的边缘。它们的现实是模糊的，它们的未来是不确定的，等待着某种实现的行动。没有这些边缘区域，就没有了区分意境丰富的诗歌和平淡无奇的散文的基础，就没有幻想力和想象力的养料了。

弗洛伊德将意识边缘的这些错综复杂的多重想象称为精神作用的"初级过程"，即我们的"神奇思维"，其目的是通过在想象中让愿望得到满足，从而消除由人类本性中矛盾的需求所产生的紧张感。但是他认为，初级过程是在我们智力发育的原始的、前逻辑阶段产生的，是阻碍我们适应现实环境的东西，因此必须抑制或超越。然而，在量子术语中，这种模糊的、不确定的思维边界是一切思维的必要前提，反映了我们思维的量子起源。它是我们创造力和自由意志的物理基础。

每一个集中注意力的行为都是一个产生思想的行为。其实我们每个人都有过这样的经历：专注的过程把可能的想法的一系列重叠的波函数给坍缩了，只是在引入量子词汇之前，我们大多数人不会这样表述而已。当把注意力集中在任何一个想法上时，这个想法就变成了一个经典物理学所说的现实，而其他想法就像许多影子一样消失在黑夜中。

因此，每一个集中注意力的行为都表现出一种选择的微小形式（mini form）、一种自由的微小形式。没有什么东西能决定我将把注意力集中在一系列"可能的想法"中的哪一个想法上，因为集中注意力的我本身就是一个不确定的量子波函数，但通过集中注意力的行为，我做出了选择。通过观察薛定谔的猫，我杀死了或解救了它；通过观察我自己的意识，我产生了或失去了一些可能的想法。

我举个简单的例子可能有助于大家更形象地理解"选择"的不确定的本质。比如，我伏案写这本书，几个小时后感到疲倦，我可能会发现自己：正凝视着太空、满脑子都是砸计算机的画面、正在散步、正在跳上跳下、正在骑自行车穿过草地或者仍然坐在这里直到变成一座石雕。

简而言之，我是同时看到了所有这些画面，同时生活在所有的场景中。我身体上不舒服的感觉，促使我去集中注意力，当我集中注意力的时候，我将要（通过这种专注行为）选择一种可能的方式来帮助我消除疲倦，根据自己的选择采取相应的行动。在这些术语中，选择只是一种专注的行为，它把"可能的思想"的波函数给坍缩了。

但是没有人会说是我的身体的疲倦感觉决定了那个特定的选择。我的任何一个选择都会缓解我的疲倦。这种疲倦只是让一些选择成为必然发生的事。选择行为本身是自由的。

这种在头脑中自我反思的能力——通过专注过程来观察自身，从而坍缩了自身的波函数，至少是基于玻色－爱因斯坦凝聚态（包括我们意识的物理基础）的物理学，是基于这些量子系统在低能态或高能态时表现出的不同的物理特性。

在低能态下，玻色－爱因斯坦凝聚态显示出常见的许多可能性的量子叠加效应，就是我们经历过的梦中生活的模糊影像、那种想象中的哥特式黄昏。而在高能态下，这些凝聚态的行为几乎都服从经典物理学，都失去了量子叠加效应。

英国物理学家布莱恩·约瑟夫森（Brian Josephson）把凝聚态从低能量子性质转变为高能经典性质的转换机制，首次在"约瑟夫森结"中进行了说明。约瑟夫森结是一种超导回路，它的发现使约瑟夫森获得了 1973 年的诺贝尔物理学奖。因为约瑟夫森结可以把量子系统的特性和经典系统的特性集合在一个宏观（大尺度）的物理单元中，它为量子计算机的发明带来了希望，这种计算机可以将量子叠加效应的优点（主要是从一系列可能性中同时做出自由选择）与经典的计算机逻辑相结合。但是，超导体的玻色－爱因斯坦凝聚态只能在超低温下工作，因此，迄今为止，将约瑟夫森的发现应用于任何实际的计算机，无论是经典计算机还是量子计算机中，已经被证明过于昂贵而不具备可行性。

然而，在人类大脑中的弗洛利希式玻色－爱因斯坦凝聚态则是在人的体温下运行，不存在需要超低温的问题。因此，大脑是一个利用约瑟夫森结的"量子计算机"的成功例子。[1] 然而这句话对于人类的意义，与把我们自己与经典计算机进行任何比较的意义之间有很大的区别。至于理由，我希望能在所有关于我们作为量子系统的本质的讨论中说清楚。

---

[1] 对于那些想知道更多这方面的物理知识的人，在一个标准的超导环中，循环电流是一个定值。但在约瑟夫森结中，它是一个含有弱连接的环，弱连接减小了凝聚态的能量值，并允许出现量子叠加值。类似的事情发生在弗洛利希式系统中。我认为，一种特定的意识状态对应着一个复杂的循环运动，与围绕着凝聚态旋涡的振荡耦极子之间的相位差有关，这种循环模式只有在有高能输入时才有一定的数值（在凝聚态期间），并在低能态下成为量子叠加。

在我们的意识系统中，专注的行为就是将能量注入大脑的过程。我们都知道，当我们的能量储备很低时，我们很难集中注意力。但当我们有足够的能量来集中注意力时，我们就将这些能量输送到了大脑中，相当于把大脑中的玻色－爱因斯坦凝聚态从低能量子态转变成高能的近似经典物理的状态，从而将我们的思维过程从可能的模糊图像转换成更结构化的、更经典的集中思考的细节。

从意识的量子观来看，我们对选择有一个基本的定义，对使选择成为可能的物理学有一个基本的理解。任何选择，就其本身而言，都只是量子波函数从"可能的思想"坍缩成一个确定的思想的过程，而发生这种过程的物理学原理就是把大脑中的玻色－爱因斯坦凝聚态从一个有多种可能性的量子态转换为一个更确定的近似经典物理的状态。所有这些选择都必须是自由的，因为大脑本质上具有量子不确定性，这种不确定性既存在于大脑量子系统中，也存在于单个神经元对激励的放电反应中。

但是这种量子选择的模型就像一副没有肉的骨头架子，仍然没有回答所有最有趣的问题。例如，我如何以及为什么要做出这样的选择，如果我可以自由地做出任何选择，为什么我经常做出一些明显是错误的选择，对自己或对他人都是糟糕的选择？我能在多大程度上控制这些明显不确定的量子选择，换句话说，控制我自己的自由，因此，我的自由能在多大程度上让我对自己的选择负责？

如果我完全相信自由，如果我不是一个决定论者，那么对这些问题通常的回答就是：我是一个有理性的人，我有能力对形势做出逻辑分析，有能力思考我的选择可能产生的结果。正是这种能力使我拥有自由和责任，这也是我们经常否认动物有自由意志，或者否认孩子应该对他们的行为负责的原因。

然而，这样的观点：一个自由人所做的决定必然与选择和理性相关联，是不切实际的，使我们对量子自我中的选择和自由的真正本质视而不见。量子自由是一个远比我们对理性力量的信仰更可怕的东西。

　　例如，选择戒烟。我所有的理性告诉我，吸烟对我有害，而且很可能伤害我周围的人。如果我听从理性的召唤，我无疑会做出应该戒烟的决定。我甚至可以承诺放弃"明天"，或者使用一点催眠术或针灸之类的小手段，让我确信自己正在按照这个决定采取行动。但是这些小手段的效果是短暂的，即将到来的明天是相当漫长的。于是，我继续采取违背理性的行动，每当再次点燃一支香烟时，我就是做出了违背理性的选择。

　　然而，就在某一天我真的把烟戒了。那天早晨，我并没有通过理性去使这样的事情发生，我只是再次伸手去拿那包香烟，然后把它扔掉了。这表明我已经选择了戒烟。实际上，我已经做出了自己的选择并采取了行动。但这是为什么？

　　在量子术语中，对"为什么"没有确定的答案。所有确定的答案——所有的逻辑和理性都属于经典体系。它们出现在思想的波函数坍缩的时刻，即在做出选择的那一刻之后。我们的逻辑无法做出我们的选择，那是一种决定论的思路。相反地，是我们的选择，即我们关于自由的和不确定的选择，与一系列重叠的理性（这些理性与那些选择连接在一起）相关联之后，产生了我们的逻辑。

　　我们在做出选择的时候，也会为这个选择找一个理由，一个用我们的逻辑来解释这个选择的理由。但在做一些其他的选择时，我们应该也会找其他的理由，同样也是为了满足其逻辑对解释的渴望。

　　我会说戒烟成功是因为我知道吸烟有害健康。但同样，如果戒烟失败了，我也会说，因为我的意志太薄弱了，或者因为我需要吸烟来缓解我的紧张情绪等。我用来解释我的选择的这些"理由"，反映了我作为一个人的一些现状，但它们并不能决定我的选择本身。

　　一些精神分析师和心理治疗师认为，他们工作的真正价值并非来自任何不太靠谱的能力，如弗洛伊德所说的为患者的行为找出发病原因的能力，而是为了发现行为的意义，即做出某些选择的行为表示我们是什么样的人，以及我们的价值观是什么。比如，选择戒烟的行为表示，我是一个珍视自己健康和寿命的人。除此之外，该行为还表示，也许我是那种能够为了长远利益而拒绝眼前诱惑的人；选择放弃戒烟的行为则表示，我看重眼前的、短暂的快乐，而不是长期的收益。

无论我的选择有什么意义，以及这样的选择表示我是怎样的人，这种选择本身都在一切"原因"之前。它是在一个可怕的、自由的时刻做出来的，克尔凯郭尔（Kierkegaarcl）称之为"天降神迹"。

不管怎样，做出选择的是我，在我自己的不确定的量子波函数与可能选择的不确定的波函数之间进行的某些奇怪的量子对话中，我决定戒烟了。除了我自己，任何人和东西都不能对这个选择负责。这就是自由带来的可怕的负担。它使我们必须对那些我们无法完全在有意识控制的情况下做出的选择负责。我们被它顶到了枪口上，被它逼到一个边缘模糊不定的处境中。然后，就在我们在克尔凯郭尔所说的"恐惧和颤抖"中，它告诉我们：必须挺直腰板去承担一切后果。

但是，我们想大喊一声，难道生命与自由真的那么可怕吗？充满了可怕的、我们必须负责的选择，而这个选择却来自对任何人都不负责任的自我王国？难道我就不能控制我的自由吗，哪怕能控制一点儿呢？

对萨特来说，答案是坚定的"不能"。他所说的激进的存在主义的自由，建立在否定人类本性和实质的基础上，建立在否定任何外部决定性力量（像规则和价值观）的作用的基础上。"我是我的自由。"这是奥瑞斯特斯（Orestes）在《苍蝇》（*The Flies*）中的呼喊：

> 忽然间，自由从天而降，使我失去平衡……我像一个丢掉自己影子的人。一切都消失了，没有对和错，也没有人对我下任何命令……我对自己很陌生——我知道。离开本性，违背本性，无须借口，无法补救，除了我自己内心的补救……我一个人，孤独一人，直到死都是孤独的。

萨特本人被迫得出这样的结论：这种立场意味着"人的一生是从绝望开始的"，但他没有回答，在必然空虚的存在主义自我中，有没有可能找到任何补救的办法。对这种激进自由的各种关注都只是自恋者的另一种表现，即自我完全建立在自己的基础上，因此必然导致与自己和他人的疏离。正如加拿大哲学家查尔斯·泰勒（Charles Taylor）所说：

> 激进选择的主体是轮回的另一个化身，我们的文明渴望实现轮回，以获得脱离肉体的自我，这个主体可以让一切存在被具体地展现出来，包括它自己的存在，并在激进的自由中做出选择。但是这种承诺的完全自我占有，实际上将是最彻底的自我丧失。

自恋者的梦想实际上就是自己的噩梦。

与之形成鲜明对比的是，量子自我既不是空洞的也不是独立存在的，同时也不是萨特所说的激进自由，那些都不是量子过程。量子波函数的坍缩不是随机的，不是完全没有"方向感"的，同时也不是萨特所说的完全偶然的。任何坍缩都是一种可能性的问题，即某些坍缩结果比其他结果出现的可能性（概率）更大一些。对于我们人类量子系统来说，我们能在多大程度上让那些可能性增加，取决于我们能在多大程度上控制我们的自由。

在量子过程中，某件事发生的可能性与它所需的能量有关。在原子内，如果电子能以极低的能耗跃迁到一个能级上，而要以极高的能耗跃迁到另一个能级上，那么它发生低能耗跃迁的概率就非常高。它的跃迁是自由的，没有任何确定的规则，但它最有可能做出最省力的选择。对我们来说也是如此，但我们比电子复杂得多，因此影响我们做各种选择时所需能量的因素也复杂得多。

作为一个量子人，我既有一个本性也有一个实质。我有一个身体、遗传的性格、经历和对这些经历的反应、一个角色，而且我在很大程度上是由我与他人的关系来定义的。所有这些因素都会对我的量子记忆产生影响，对我的自我和我正在成为的自我之间那个不确定的交会点产生影响，我在那个交会点上做出我的选择。这种影响的本质是它会影响我的选择的可能性（概率）。我生命的整个历史与构成，增加了我做出某些选择的可能性，降低了我做出其他选择的可能性。

我们作为量子自我，且行且塑造着自己，通过与自己的过去、经历、环境和他人的持续对话，来构造我们的本质。这种对话的一个重要部分是，我们为自己可能做出的各种选择注入理性，以及让这些理性适合我们的整个生活环境以及我们的价值观。因此，尽管理性本身并不能决定我们做出什么选择，但它们确实在我们权衡某些选择时发挥着至关重要的作用。如果我们把一组可能的选择与一些特别的理性联结在一起，就会影响任何一个特别的选择的可能性（概率）。

有了与戒烟的可能的选择相联结的理性，我的寿命将会延长；与不戒烟的选择相联结的理性给我带来了享受，但把这些理性与那些选择相联之后，我更有可能选择戒烟。理性与选择相联使我们能更容易、更省力地做出正确选择。虽然这种相联能打破平衡，但不能保证得到渴望的结果。

通过我们的生活和思考以及我们的社交的整个过程，我们增加或改变了由我们的选择带来的特定结果的可能性。我们正在掷出量子骰子，并引导着我们的自由的方向。我所做的每一个选择都会影响我将要做出的下一个选择，因为它会增加或减少那个选择的可能性。我的每一个选择，无论多么微小，都对我的余生具有某些重要意义。

显然，随着我们人格的成熟和更加理性化，这种引导会产生更大的效果，并且我们没有像对待正常成年人那样，让孩子或有智力缺陷的人对他们的行为负责，这是正确的。他们的自由同成年人的自由一样，但自由的结果可能更随机，或更受大脑遗传倾向或化学失衡的影响。

我们的整个生活方式和所有过去的选择，都会对增加我们的未来选择的可能性（概率）产生影响，也为社会学或心理学的观点提供了一定的事实，那些观点是：我们的背景、环境或社团影响着我们的选择。但这与它们决定了我们的选择的观点是完全不同的。我们总是可以根据可能性的大小而自由地做出选择，可以做出消耗更多能量的选择，并且这种自由使我们承担责任。

有些人超越了自身背景或环境，做出了惊人的或伟大的事业，这些人的故事激励着我们，并提醒我们也可以逆势而行，告诉我们实现目标的责任不在于任何人，而在于我们自己。而且，正如我们经常看到的那样，认知往往会改变命运。这就是为什么本地的英雄榜样往往能够改变一个弱势或受压迫群体中许多人的命运。英雄们的选择是很艰难的选择，但这使后来的人在做同样的选择时变得容易了。这种现象的物理学基础就是我们意识的量子关联性，这反映了我之前的观点，即我们每个人所做的每件事都会影响其他人，无论这个影响是直接的还是物理上的。如果一个人开辟了一条路，其他人更有可能也走这条路。

总的来说，我们意识的量子本质使得我们在做选择的时候，总是倾向那些能耗最小、所需专注力最少的选择。这就是为什么我们天生就是习惯或模仿的生物。

人的习惯就像是搭顺风车，不需要太多的脑力劳动。一旦我用一种方法做了某件事，即做了某种特定的选择，再做同样的事情就容易得多了，因此我选择这样做的概率就更大。这就是为什么我应该用我最好的理性能力，来评估那些我打算接受的习惯的价值，或者评估我打算模仿的那些人的素质。最初选择一个习惯时所付出的代价可能很小，但是以后要改掉这个习惯，可能是一项很艰巨的任务。

从某种意义上说，任何习惯都是懒人和胆小鬼的护身符，它节省了我们的精力，也卸掉了自由带给我们的负担。一旦做某事成为习惯，我们让它重复发生的可能性如此大，以至于在同样的条件下几乎没有其他选择的余地。因此，当我出于习惯行事时，我并不是出于自由，也不是为了练习我的创造力。习惯是一种低能耗的活动，我的大脑对它只需要注入很少的能量。可以说，它几乎不会坍缩任何波函数。这就是为什么习惯是如此缺乏创造性，以及为什么依赖习惯的生物很少能体验精神成长。

也许习惯在我们生活的许多领域都是必要的。也许我们只是没有足够的体能，使我们能生活在我们做出的每个决定和采取的每个行动的自由的边缘，也许这就是我们的意识的量子本性诱使我们走向习惯的原因。也许培养习惯是为了解放我们，让我们能到真正的更有创意的生活中去发挥作用。

这同样适用于使我们的行为符合公序良俗或让我们遵守严格规定的责任守则的情况。遵循这些守则的最初选择需要一定的专注，但如果我们已经被部分地圈定在那些社会习俗以及维护那些习俗的各类关系中，则不需要太多的专注。一旦做出了选择，我们就能继续生活下去，任何与我们的习俗相对立的行为模式都会遭到习惯势力的抵制，而敢于与习惯势力对立的是那些具备英雄品质、能够聚集足够能量的人。

我们每个人不可能在生命的每时每刻都成为英雄，只要我们所认同的道德规范或责任守则基本适当，不伤害自己或他人，就不一定非要有个人英雄行为。如果我们对公序良俗的坚持来自一种承诺（一个会随着精力和时间而不断更新的决定），而不仅仅是习惯，那么从众本身可能就是一种创造性的生活方式。它有助于维持一种文化和生活方式。

但是，由于我们本质上的自由以及这种自由强加给我们的责任，我们中的任何人在任何时候都可能被召唤而成为英雄。当我们的习惯被认为对自己或他人有害时，或者由于我们忠实地履行责任而使我们的行为违背了道德时，我们就会被迫成为英雄，被迫努力去对抗可能性的重负。

在道德上，我们有义务去使用我们的自由，当我们被要求这样做时，我们就生活在意识的可怕边缘上了；因为我们作为有意识的人，本性是自由的，并且从量子角度来看，本性与道德是紧密相关的。在讨论了我们的自我与物质世界的关系以及量子真空本身的性质之后，我们就会更清楚为什么会这样。

　　行使这种自由是我们作为量子个体的核心所在，并且我们应该责备那些总是以责任、习惯或社会环境的名义来回避自由的人。我们责怪他们不努力（花费一些精力），习惯性地推卸我们与生俱来的责任，从而选择放弃我们的自由所带来的创造性。接下来我将讨论这种创造性，它是我们作为有意识的人类能够在宇宙中安身立命的关键所在。

第13章
创造性自我：与世界共同创作

宇宙中孤立的人类无法创造出任何事物，所有的成就都是与自然界共同创作的。

人类本质上是具有创造性的。其创造过程与量子的凝聚态激发过程极为相似。生命具有创造秩序的自组织能力，这是创造性的源头。自我在创造的过程中得到发展。但是人类的创造不是孤立进行的，而是与世界一起进行的。人与自然界的关系不是对立的，而是通过对话也可以说是互动完成了共同创造的过程。

作者运用西方美学概念论述了人的创造性如何被体现。不熟悉西方文化的中国读者也许会感到困惑。了解了西方美学的基本概念，有助于理解作者本章和下一章的论述。

我们是无形的蜜蜂。我们疯狂地采集看得见的蜂蜜，把它储藏在看不见的金色蜂巢里。

里尔克（Rilke）[1]

人类本质上的创造性是贯穿我们整个历史和文化的主题。我们认为自己是"创造者"，用现代科学术语来讲，我们这个物种的起源可以追溯到第一个人创造了第一件工具的那一天。我们觉得我们的创造性在某种程度上把我们与野兽区分开来，并界定了我们的人性。

从宗教的角度来看，我们的创造性有时会被看作保留我们人性的理由，是人类存在的理由。

我们人类的本性中存在着一种东西——创造性，它是我们作为人类的核心所在。在日常生活中，我们肯定会从很多细节上感受到自己的创造性。如果我们回顾自己的行为，常常会发现"创造冲动"激发了我们的大部分行为。简单的例子有：孩子第一次绘画，或者第一次试着把一块积木搭到另一块上；之后，他就想制作模型、雕刻肥皂、做日用陶罐和篮子；一些成年人爱好手工艺（DIY）、喜欢打扮自己和装饰房屋，这些都是一种基本表达，与激发他人作诗、写交响乐或表

---

① 摘自里尔克写给乎乐维兹的信。

达新观点的动机是一样的。

更基本的是，我们认识到，我们在迎接任何新挑战、建立任何新关系、规划任何新道路时，我们的行为都包含着创造性的东西。这些活动，就像上面提到的更具艺术性的行为一样，刺激了我们，并促使我们成长——它们在我们内心创造了某些东西。当激励人们的驱动力找不到明显的释放出口时，我们就会感到无聊，或"没有新鲜感"，甚至感到我们的人性本身被削弱了——看看那些工厂里按部就班的工作内容或官僚机构中的"非人性化效应"，都没有给创造性腾出空间。为了消除这种无聊，我们想办法创造了各种挑战，比如体育和游戏、惊险的特技表演，甚至戏弄警察和轻度犯罪。所有这些都是对我们对创造有需求的一种深层次表达，也许有时表达得比较扭曲。

然而，这种似乎定义了我们的本质的创造性本身仍然是非常神秘的。我们用习惯使用的任何术语，都很难确切地说出创造性是什么东西；我们很难说出当孩子做了一个陶罐，或者男人自由地应对了一些挑战时，发生了什么事情。我们的直觉认为，那些与能生产数十个相同盘子的机器不同，也与一台通过执行程序做出选择的计算机不同。我们认为生产盘子的机器和计算机都不具备创造性，但这是为什么呢？手工制作的陶罐与机械设备生产的盘子或人的响应与计算机的响应到底有什么区别呢？具有讽刺意味的是，对这个问题的回答可能是这样开始的：人类并非独一无二。

在过去几十年里，科学的巨大发展表明，至少与我们有关的某些创造性在非常初级的水平上延伸到了所有的生命。从最简单的酵母细胞到复杂的人类，生物系统本身的结构是这样的：它们创造了一种特殊的秩序，这种秩序在两个极端事物之间起着调解作用：一个极端是毫无生气的、程序化的、早已确定的、单调乏味的事物；另一个极端是混乱的、令人不安的、动荡的事物。

这种生物秩序以某种方式设法避开了热力学第二定律，该定律声称宇宙中的一切事物都在向着惰性化方向转换，或者陷入无序状态（熵增定理）。这个定律是伊利亚·普里戈金在"耗散"或"开放系统"的研究工作中发现的，这个发现是使他获得诺贝尔奖的核心内容。生物系统是耗散系统中的一种重要系统。[①] 这也与赫伯特·弗洛利希（Herbert Fröhlich）发现的活细胞中存在量子相干性（量子有序性）有关，"弗洛利希系统"就是一个活生生的量子系统。

生物系统所创建的秩序不是为了让系统有条理地运行。疲惫的家庭主妇们抱怨说，整天收拾玩具和洗盘子几乎利用不到她们的创造性，她们说得没错。生命系统的创造性——至少是起源于量子相干性，来自它们创造秩序的能力，这种秩序产生了"关系整体"，即大于其中各部分之和的系统，并且当复杂性达到临界水平时，它们就会自发地产生秩序。普里戈金称之为"自组织系统"。它们就是自己的法律。

阿米巴虫的活力不仅仅是某些碳氢化合物原子与一些盐水结合的产物；人的身体也不仅仅是心脏、肺、肾等器官。自组织系统将这些成分聚在一起并拉入一个相干的生命系统，从而创造出活力，而这种相干系统不能简单地分解为很多基本构件。相干的生命系统本身是一个新事物、一个新的有序整体，它产生于这些基本构件之间的特殊关系，并彻底改变了这些基本构件的含义和物理潜能。这是一种独特的量子现象。

我认为，生命系统自发地（自由地）创造秩序、创造关系整体的能力是所有创造性的基础，[②] 从这个层面上讲，创造性是我们与每一种阿米巴虫和蚯蚓共有的能力。但把这些深刻见解引申到意识本身，引申到我们的大脑、心理和精神生活的源头（我们可以通过把意识看作大脑中弗洛利希式的玻色 – 爱因斯坦凝聚态

---

① 其他的是空气或水中的对流模式，或湍流中的旋涡。这些系统的本质是它们不是孤立的——能量或物质通过它们流动，当它们这样做时，它们会被组织成一个特殊的模式，它们本身是稳定的（处于平衡的）和动态的。

② 这其中的物理原理有两个支柱：任何自组织的普里戈金系统（经典或者量子，生物或非生物）创造一种前所未有的秩序的能力，以及量子系统独特的重叠和共享身份的能力（从而把自己拉入新的和更大的整体）。没有秩序，量子关系整体性就没有什么特别的东西；如果没有关系整体性，自组织系统就不会产生新的东西。但是它们结合在一起就为我们呈现出了一个活生生的世界。在普里戈金自组织耗散系统中，每个活细胞都是一个特殊的弗洛利希式的量子子集。

来实现这一点），我们便开始看到更高形式的创造性的发源地，那些我们承认并欣赏的人类特有形式的发源地。同样地，我们也开始理解当一个孩子做了一个陶罐或一个男人对一个挑战做出反应时发生了什么。

当孩子制作陶罐时，他把一种形状和一种意义赋予了之前从未存在过的某种东西。他把自己迄今未表达过的想法和尚未成型的一群黏土分子集合在一起，并把它们转化为一种新的东西，那就是他的想法与黏土之间的关系。更重要的是，这是他的自我、他的逐渐发展起来的美感与那些黏土之间的关系。孩子的创造性活动产生了一种新的东西（陶罐），产生了对他的美感的一种新的表达方式，产生了代表孩子、他的美感和陶罐之间关系的一个化身。因此，在制作罐子的过程中，孩子也创造了自己（一些新的方面）和他的世界的一小部分——他与事物的关系。通过将这一过程的物理原理与机器制造出的一打相同盘子的机械原理进行对比，我们完全可以理解为什么其中之一是有创造性的，而另一个不是，以及为什么我们的创造性与我们存在的意义是如此接近。

首先，孩子的陶罐诞生于他的大脑量子系统的自由对话中，这个对话发生在许多可能的陶罐的叠加态与许多可能的美的理念的叠加态之间，此时所有的陶罐都作为可能性而存在，就像许多可能活着也可能死了的猫一样。此刻，陶罐和最终与陶罐相联的美感都尚未表达出来，即它们的波函数还没有坍缩。

这种制作过程已经完全不同于机器的一打相同式样盘子的制造过程，在机器制造的过程中，每一个盘子的式样都来自同一张确定的设计图纸。只要我们看一眼设计图纸，就能预先知道盘子的式样，并知道在它的机械装置中已经建立了怎样的"盘儿亮"的概念，此刻已经没有要确定的事情了（所有的波函数都坍缩了）。相比之下，如果我们能在不打扰一切的情况下观察孩子的陶罐的叠加态或他的美感的叠加态，我们可以看到一切都尚未发生（见图13-1）。

当孩子专注于制作陶罐时，他将能量注入大脑并改变了大脑的量子状态。他的可能想法的叠加态的波函数开始坍缩，此刻陶罐和美感同时浮现出来。陶罐和美感这二者既不能决定对方，也不能决定自身。孩子可能做过许多可能的陶罐，也可能有许多与陶罐相关的美的想法。真实的陶罐和代表美感的化身都源于孩子的自由——量子的不确定性，这是孩子所有思维过程和做出决定的基础。

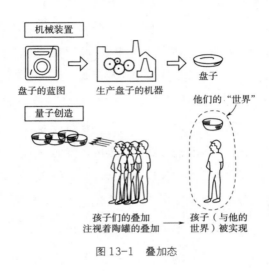

图 13-1　叠加态

　　孩子制作陶罐的整个过程是一系列自由决定的过程：产生制作一个陶罐的想法（而不是一个陶人、一架飞机或其他什么东西）是第一个自由决定的过程，然后是产生制作这种特殊类型陶罐的想法，再然后决定将陶泥这里挤进去一点，那里捏圆一点，等等。

　　随着这些决定逐渐展现，孩子慢慢地发现了他的陶罐和他自己喜欢做这类事情的事实；这个发现是一个创造性的发现，[①]因为恰恰是通过这个逐渐展开的发现过程，孩子既创造了陶罐，也创造了他的自我（他的美感）。实际上，逐渐展开的发现过程是把陶罐和他的美感从可能性的、不清晰的模糊区域中提取出来并使

---

① 对于我最初提出的"创造性的发现"这一概念，我要感谢我的老师——美国哲学家塞缪尔·托德斯（Samuel Todes）。他对这个术语的使用近似在这里的描述，不过这里的描述增加了与量子理论相关的意义。

它们成为现实。他在创作过程中扮演了一个助产士的角色，诞生了一个小小的新现实。

梅兰妮·克莱因在她的儿童精神分析中认为，在直观地了解儿童的创造性游戏与他潜在人格的体现之间的关系方面，游戏具有最重要的意义。她相信，通过游戏，孩子不仅发现了自己，也变得更像自己。同样的理论也支持对成年人使用艺术和音乐疗法，相信通过编织一个篮子、画一幅画或写一首歌，患者就能把自己内心要表达的一些东西变成现实。这种创造性的自我发现源于意识的物理学，这与一台机器的物理学完全不同。

孩子与陶罐相互创造的过程和孩子创造陶罐的自由，与机器制作盘子的过程完全不同。在每台机器的背后，都有一个富有创造性的人在重演孩子和他的陶罐的戏码，但就机器本身而言，它要生产的盘子，其样式、颜色和大小完全取决于它的制造机制。机器没有自由意志。由机器产生的随机图案（像水果机上显示的一组又一组图片）都不是由机器来确定的，这种随机性带来的自由感与由目的或意图带来的自由感完全不同，因此这样的产品都不包含真正的创造性。

同样，生产盘子的机器的生产机制是由盘子的原始设计图纸决定的。机器和设计图纸都不会因为制造工艺而被改变。它们就像两个牛顿式碰碰球的互相碰撞——它们碰面了，但每次偶遇后都不会发生变化。

孩子和机器，一个有创造力，一个没有创造力，他们之间的本质区别是，孩子与他的环境处于不断的、相互创造性的对话中，机器则不是。孩子的头脑，就像华兹华斯很久以前说的："……既是创造者也是接受者，二者在他创作时成为合作伙伴。"

孩子被本性中的量子脉冲所激励，[①] 从他的经验（他用于整合自我的量子脉

---

① 更准确地说，他的本质中的普里戈金式量子冲动——唯一复杂的、自组织（普里戈金）量子系统将显示出本质的和不可逆转的进化方向。见伊利亚·普里戈金所著的《从混沌到有序》（*Order Out of Chaos*），所有的弗洛利希式系统都有这种特性。

冲）数据中建立了一个有序的关系整体。事实上，孩子把一个对象（他的陶罐）和一个之前从未存在过的世界（他与陶罐的关系，陶罐对他和其他人的意义）连在了一起。孩子、物体和世界，都是通过孩子头脑中许多可能的孩子、物体和世界的自由的和不确定的坍缩而得以共同实现的。

所有的量子系统（大多数，特别是像我们这样的玻色子系统）都通过与环境的对话来共享这种创造性的自我发现的机制。在最基本的层面上，每当一个光子穿过一条狭缝或两条狭缝时，或面对检测屏幕表现出相应的波动特性时，或面对光电倍增管表现出相应的粒子特性时，这种对话就是显而易见的。

有证据表明，在更复杂的生物系统（有序量子系统）中，实际上，生物进化本身可能是"响应式的进化"。有可能是这样一个过程：在生物与其环境之间的量子对话中产生出一种能力，这种能力引出并实现了潜伏在 DNA 密码中的许多可能的进化方向（突变）中的一个。有关 DNA 内部存在量子相干性的证据进一步增加了这种可能性。

所有的生命系统都在进化，在某种程度上它们的组织结构发育都蕴含着某种创造性。正如伊利亚·普里戈金所说，生命系统中有一个时间之矢，它指向更多、更大的复杂事物——"时间就是建设"。或者，正如德国物理学家弗里茨·波普所言："相干态就像一张白纸，一直要求我们在上面书写。"

我们的身体里有一种想要创造的冲动，这符合生命系统中的物理学原理。但除了这种结构的创造性，还有一种意识的量子解释为我们展现了如孩子对陶罐的行为创造性是如何产生的。从进化的角度来看，这种行为创造性从人类一直延伸到非常简单的生物中。

甚至蚯蚓也表现出一种原始的倾向，即整合它们的感官数据，并缓慢地进化出一种生活方式，形成一个世界。它们会对环境中的刺激做出响应，并逐渐了解到对环境刺激的哪些响应会带来快乐（粗略地说），哪些响应会带来痛苦，然后会采取相应的行为来应对环境刺激。有些蚯蚓甚至能被训练得在光照下保持不动，尽管它们本能上不会这么做，还有一些蚯蚓甚至学会了走简单的迷宫。

说蚯蚓在自己的世界里是有生活目的的，甚至说它们具有选择一种行为方式而不是另一种行为方式的能力，也许是错误的。目的和选择都是属于人类范畴的，源自人类（或至少是更高级的动物）的特殊能力。然而，重要的是要认识到，即使是非常简单的生命系统，也拥有最基本的创造性，因为它们具有与周围世界进行对话和整合数据的量子能力（它们的最基本的意识统一）。

人类的创造力比蚯蚓的创造力更令人惊叹，这并不是因为它们在原理上有什么不同，而是因为它们在性质和程度上有很大的不同。我们的创造性来自一个无限复杂的生命系统，它具有理性分析和自我反思（自我意识）的能力。理性分析源于大脑计算系统（所有那些神经元及其连接）异常复杂的数据处理能力；人类具有的综合一切的能力和自我反思的能力都来自大脑量子系统中巨大的玻色－爱因斯坦凝聚态，以及基于它的量子记忆的动力学。

如果没有玻色－爱因斯坦凝聚态及其支持统一意识与关系整体构建的能力，我们将只是一台会行走的计算机。没有计算系统在凝聚态上产生激励（模式），我们就如同激光束。但有了两者的结合，有了建立逻辑结构的能力、综合能力以及在与环境对话中创造性地自我反省的能力，我们就拥有了解释人类世界的非凡创造性。

在日常生活中，我们每个人身上的这种创造性都会经常以简单的方式出现。它是怎样出现的，以及我们每个人具有创造性的生活是如何在更大的范围内支撑着我们文化的创造性的，这可以通过以下方式来加以说明：观察一个人在应对道德挑战时呈现出来的物理现象，以及通过那种响应如何创造出他的自我和他的道德世界。

"道德挑战"（道德准则）概念本身已经是一个有序的关系整体，是为了满足我们对适当社会行为的综合描述的需要而创建的。这是一种在可能的混沌中建立秩序的尝试，这种混沌可能是由各种可能行为引起的，而各种可能行为是由复杂的和本性不受约束的人类的活动产生的。在努力建立秩序的过程中，我们孕育了我们的自我和我们的道德，孕育了一种新的意识维度，它表达了在任何社会或团体中的个体成员的行为决定，并且超越了那些行为决定。我们每个人都在帮助书写赖以生存的道德准则，尤其是在出现道德危机或道德挑战时。

例如，设想如下情形：我已经厌倦了自己的婚姻，并想与另一个男人有染。这种想法让我重新回到自由状态，并迫使我在丈夫和情人之间做出选择，或者至少是在对丈夫保持忠诚和出轨之间做出选择。但这种必然的选择导致我的整个世界都受到质疑：我是什么样的人和我的价值观是什么（整个"格式塔"）。它使我面对着巨大的道德挑战。由于选择的量子本性——它是一个自由选择，发生在同时存在的许多叠加的可能性（在这种情况下，粗略地说，是婚外情的可能性和忠诚的可能性）之间，诱惑本身已经对我的自我和我的世界产生了影响。这种诱惑引发了出轨的可能性，当这种可能性成为现实时，我就能感受到它的影响。因为在这种情况下，我可能会对丈夫不耐烦或不再有爱心；总之，我和他的关系是半心半意的。这个心理上的"半心半意"与量子叠加的概念非常好地对应上了，即它既不在这里，也不在那里。

这就是圣保罗的警告——"罪在思想中"所对应的现实情况。它的物理学基于虚拟跃迁的物理原理——我在第 2 章中讨论过量子"测试运行"，并用量子女孩多桩并发的风流韵事为例进行了说明。在量子女孩的例子中，虚拟跃迁的结果可能是她在虚拟婚姻中得到孩子。而在我的例子中，无论我最终的实际选择是什么，我很可能会和丈夫发生争吵，这将对我们的关系产生持久的影响。

上述情况也出现在任何形式的洗脑过程中——无论是广告语还是色情视频中的不雅画面。即使我们不会依照那些洗脑的内容行事，但诱惑本身也会对我们的个体和共享意识产生不良影响。还记得戴维·玻姆说的话吧："……许多物理过程就是这些所谓的虚拟跃迁的结果。"

最终，我要在我的两个选择中做出决定，我要在我可能成为的两个自我和它们可能占据的不同世界之间做出决定。选择是自由的，没有什么能决定它。虽然我的性格和我在此之前的生活将会增加我选择这个或者选择那个的可能性（概率），但我可以，而且经常会做出"不符合性格"的选择。

同样，我也可能会对自己的选择提出建议：选择这一个比选择另一个更明智，但这实际上并不能决定选择本身。我不会对自己说，我重视我的婚姻和由此而来的所有承诺，因此选择忠于我的丈夫；也不会对自己说，我重视浪漫和本性，因此选择出轨。这些是因果关系的解释，根本不能解释我的自由（"不是我的逻辑创造了我的选择，而是我的选择创造了我的逻辑"）。

相反，只有当我做出决定的时候，我才会发现我的价值观，发现我真正在乎什么，发现我是怎样的人。但这是一个创造性的发现：恰恰是通过明确表达了我做出选择的理由，我才成为做出这一选择的那种人。正如查尔斯·泰勒在对自由道德行为主体的彻底的重新评价的讨论中所表达的那样：

> 清晰表达不是简单的说明……正相反，清晰表达就是要确切地表达最初的不成熟、混乱，或者很糟糕的表达。但是这种表达或重新表达并没有使表达对象保持不变。一个特定的清晰表达，就是以某种方式塑造我们对所渴望的或者认为重要的东西的感觉。

那就是要塑造我们的自我。

通过对特定选择所伴随的价值观的清晰表达而实现的自我创造，使人想起约翰·阿奇博尔德·惠勒在"延迟选择实验"（第3章）中描述的"反向因果关系"，大概是基于同样的基本物理原理。在那个实验中，一个光子必须"选择"①

---

① 我非常怀疑光子真的会做出选择。在这里，我的拟人化语言只是简单地将它们从可能性到现实性的转变和我们自己的转变进行暗示性的类比。

将自己实现为一个波还是实现为一个粒子、选择穿过双缝装置中的一条狭缝还是两条狭缝。如果选择成为粒子，它就会穿过一条狭缝；如果选择成为波，它就会穿过两条狭缝。只有当它撞到探测屏幕或光电倍增管时，才能"清晰表达"这一决定。但是根据惠勒的实验，只有当清晰表达完成后，我们才能回顾它的历史，并说出它穿过了多少条狭缝。这个对选择的清晰表达创造了光子的特性和它的历史。

同样，只有当我清晰表达出那些价值观，那些导致我选择丈夫或选择情人的价值观时，我才会成为拥有那些价值观的人，成为具有维持这些价值观的性格的人，以及拥有导致我树立这些价值观的个人历史。但在创造性的发现自我的过程中，我也创造性地发现了我珍视的价值观。我把这些价值观带到这个世界上，或者我作为这些价值观的化身，从而赋予旧价值观以新的生命和意义。在这样做的过程中，我帮助创造了我的自我的和他人的世界。

如果我选择忠诚（及其伴随的所有价值观），我的选择就会增加其他人做同样选择的可能性。我的自我是相互融合的，与我所在的团体或社会中其他人有着非局域性的关联，我做出的道德决定在我们共同分享和共同创造的世界中产生共鸣。如果我选择违背我的婚姻誓言，其他人更有可能会这样做，更多的家庭将会破裂，社会不稳定性将会增加，等等。

由我的决定所引发的一连串影响是不可估量的。我对世界负有责任，因为我在帮助创造世界。正如荣格在现代生活的许多危机和我们应该用自我反思（清晰表达）来做出回应的讨论中所说的：

> 归根结底，最重要的是个体的生命。历史是由个体创造的，巨大的变化发生在个体身上，整个未来、整个世界的历史，最终都会由那些蕴藏在个体中的涓流汇成巨大洪流喷涌而出。在我们最私密、最主观的生活中，我们不仅是我们时代的被动目击者和受害者，还是创造者。我们开创了自己的新纪元。

"在我们最私密和最主观的生活中"，我们创造了这些价值观，以及通过这些价值观创造了一个世界；然而，这些价值观本身并不是主观的。正如萨特所说，它们并非没有超越自身的基础。萨特自我创造的道德观认为，是我，在我的自由这个可怕事实面前，独自一人惊恐地创造和维护着现有的价值观。"虚无能使我对自我确信无疑；我就是与世界和我的本质隔绝的虚无，我必须认清这个世界和我的本质的含义：我自己决定，没有理由，也没有借口。"

在量子世界中，创造从来都不是虚无的。我所创造的价值观并不是由自我创造的（特别是由一个虚无的自我所创造的那些价值观）。我的选择不是孤立地做出来的，所产生的价值观不是反复无常的，也不是相对于我的处境而言的。相反，它们的创造是我现在的自我和我现在的世界之间的自由对话所激发的结果——在我的世界中，我与他人的人际关系定义了我的自我，在这个世界中，我与他人共享人性。正如美国哲学家劳伦斯·卡霍恩（Lawrence Cahoone）所说：

> 反文化的主观主义者不懂得，人类只有在与其他人类和非人类交往的有意义的关系背景中，才能创造、思考和成为个性化的、独立的生物。

我们与自我的关系、与我们所创造的价值观（世界）的关系是共同作者的关系。我们通过对世界和对彼此的共同创造性的响应，使我们的世界和我们自己得以存在。这里引入一个新的量子概念——"共享的主观性"，这是一种与世界对话并通过对话产生客观性的主观性。这种主观性是观察者和观测之间的关系，"观测"一词来自物理实验室，我们把它应用在了道德领域，这个应用是通过我们的意识的量子本质来实现的。伊利亚·普里戈金把这称作"一种既客观又具有参与性的知识的概念"。

因为我们的人性决定了我们就是我们的关系，并且我们的世界是通过我们共有的人性来共同创造的，所以康德的道德准则是有潜在的物理基础的。那就是说，我希望别人怎么做，我就应该始终怎么做；或者说，要服从黄金法则：我要他人如何待我，我就应该如何待他人。

因为这一基本的、潜在的道德法则是伴随着我们的量子本性的，所以存在着一个自然约束和一个客观的评判标准，其中自然约束针对的是我自己的命运和我通过自由决定帮助创造的世界的命运，客观的评判标准则用来判断一个特定的选择是坏的选择还是好的选择。如果是一个坏的选择，最终将导致出现一个不可能生存发展的世界、一个无法维持有序相干性的世界。这个世界里的价值观和意义将被颠覆，在道德上也会出现物质世界中的那种混沌状态。对于这种状态，我可以说"一切都在分崩离析"。

如果是好的选择，那么这个世界（它也是共同作者）将会变得更加丰富多彩，它将产生新的有序相干性，我可以用这样的话来清晰表达这个有序相干性："我终于把我的生命整合在一起了。"但只有当我的选择结果出来时，当我能看到并能清晰表达我的选择的意义时（它对我和所有与我有关系的人都有意义），它才会历史性地成为一个坏的或好的选择。当它创造世界的结果可以用成功或失败来衡量（清晰表达）时，它的善或恶就产生了。

假设我选择和情人有染，结果我的丈夫发觉被戴了绿帽子，我们的婚姻破裂，我们的孩子感到焦虑不安，我的内心充满了内疚和绝望，我的世界崩溃了，我会发现我做了一个错误的选择。它导向了一个失败的（支离破碎的）世界，而这也影响了它的意义。另外，如果婚外情的选择产生了与上面不同的结果，我和丈夫通过这件事都重新审视并恢复了我们的关系，我们的婚姻关系比以往更加牢固，我会发现我做出了一个正确的选择。这个选择导向了一个成功的世界。

然而，这一论点并没有导致道德相对主义者的温和结论："如果它有效，它一定是好的。"假如没有人性的存在，以及在我们生活的中心不存在这样一个人性被捆绑在一起的特征，那么道德相对主义者的观点可能更适用。但我们知道，我们都是"一根绳上的蚂蚱"，伤害别人的同时，也伤害了自己，所以成功的世界需要有一个客观的约束。

最终，如果某些人的行为伤害了其他人，或者所有人的行为伤害了整个宇宙中不断增加的更大的有序相干性的过程——普里戈金称之为他的"进化范式"，那么将不会有任何一个世界会成功。

这种对创造成功世界的约束，以及对"好"或"坏"的选择的约束，可能不会满足这样一些人，他们使道德成为一种由外界强加的、黑白分明的以及"该做的"和"不该做的"确定的体系。例如，如果已婚女性选择了婚外情，这个体系就会说：那永远都是一个坏的选择。这种道德对于那些由于各种原因不能生活在他们的自由边缘的人来说，可能是必要的。但这种道德不是创造性的。

一个不断进化的"量子道德"或"创造性的道德"必然比那种道德更加多元化。它允许，而且作为一个重要的特征，在任何特定的情况下都可以有多种应对方式。在应对任何道德挑战时，我们可能会有很多选择，这些选择在某种程度上都是"好的"选择。这是我们自由意识的一个本质特征，是与我们的创造性的目的紧密相联的，我们可以尝试任何或者全部可能性中的一种，直到我们发现其中最好的可能性或迄今为止最好的可能性。

我们的自由和不确定的道德选择，以及多个世界（也是共同作者），就像一个电子的虚拟跃迁。它们是现实创造的实验过程，然而我们与电子不同，我们有记忆，可以从经验中学习，所以我们的实验过程能够产生一个累计的结果。在这个过程中，有些人取得了成功，并且会继续前行，为下一个更美好的世界继续做出贡献；另一些人则在这个过程中迷失。

正是因为量子自我具有从多种可能性中提取现实的能力，具有能打造像实验室一样的实验世界（其中一些将在最后得到改进）的能力，并且我们也具有对量子自我为什么会这样进行清晰表达（通过自我反省）的能力，所以从本质上把我们的自由和我们的创造性联结在了一起。

我的选择是有意义的，发现这个意义的价值就在于，那个发现本身（清晰表达）把我带回了我做出第一个选择的自由时刻，做出决定的那个时刻导致了一连串的选择过程，这成为我的生活方式的一部分，成为我的价值观、我的世界的一部分。回到做出第一个选择的时刻，我也回到了做出其他选择、成为其他自我、置身于其他世界的可能性中。这就是为什么心理治疗或任何其他彻底的自我分析过程会给我们一种"重生"的可能性。"重生"意味着重新开始，伴随着对完全不同的生活和世界所寄予的希望。

这是我们根本的自由，事实上，我们做出的每一种选择都只是我们可能做出的几种选择中的一种；这让重生成为可能，并使每个个体在意识的逐渐进化中发挥关键作用——在我们创造的世界中所展现的有序关系整体观被逐渐增强。

当然，这就是我们个性的意义所在，它为任何一种把人性的创造性作用考虑在内的人类心理学的发展提供了一个自然的方向。正如查尔斯·泰勒所言：

> 一种精神分析理论，它能充分说明人类全部责任的起源……能真实可信地描述共同的主观性，一个成熟的、有凝聚力的自我（及其世界）一定会从这个共同主观性中浮现出来，这样的理论其发展前景的确是非常令人兴奋的。

第14章

我们与物质世界：量子美学

人与物质世界通过审美行为而产生相互影响，进而达到相互融合的目的。

人在精神上对审美的需求同身体对物质营养的需求一样。能满足人类审美需求的物品，承载了人类存在的意义。人类在改变物质的同时也改变了自己。他们二者是不能分离的。

"量子美学"允许多种可能的美学风格存在。能够表达或陶冶我们意识本性的，就是满足我们审美需求的成功的存在；否则就是失败的。

　　也许这正是最近科学发展的一个令人满意的特征：把我们对周围世界的深刻认识与我们对内心世界的深刻认识结合在一起……

伊利亚·普里戈金[①]

　　在许多方面，孩子和他的陶罐之间创造性对话的例子提出了一个大问题：（作为有意识生命的）我们之间的关系对物质、对世界意味着什么，以及它们之间的关系对我们意味着什么。我们意识的参与在什么样的程度上影响着物质现实的演变？反之，周围的物质世界又在我们自身的演变中留下了多少印记？

　　简而言之，如果没有物质世界的存在，我们能成为现在的人类吗？我们与物质世界的对话在什么样的程度上塑造了物质和人性？这些问题的答案会对我们对待物质环境的整体态度产生重要影响。

　　如果简单地从经典的概念来看日常活动，我们显然对物质有影响。我们塑造物质并使它成型，消化它，燃烧它，冷却它，分解它，再重新构建它，等等。物质及其发展进程显然也同样简单地对我们产生影响。我吃的食物会毒害或滋养我，横在路上的石块会绊倒我并使我脚趾骨折，上了锁的院门会阻止我进入花园。进一步讲，地球上的化学物质和照射它们的阳光也是我身体和机能发育所必

---

① 摘自《从混沌到有序》。

需的，就像我需要空气和水一样。我的身体及其所有的物质需求就是我和物质世界之间进行必要对话的明显证据。

但是，孩子和陶罐之间的对话，在保留了所有这些经典元素的同时，还有另一个维度，一个他与物质世界有意识地进行交往的维度。我们通过物质创造，通过我们的陶罐、工具、衣服和我们的房子，把我们人类的意义赋予了物质；我们把物质带进我们的目的和目标的世界，从而改变了它。但这样做的同时，我们也改变了自己。通过制作陶罐，孩子有两个创造性的发现：一个是在黏土方面，即黏土可以成为特殊的陶罐；另一个是在他自己方面，即他的美感和技能可以把陶罐变为现实。

如果没有孩子的有意识的目的，黏土就不会变成一个陶罐；同样，如果没有陶罐，孩子的美感将永远不会被具体地展现出来。从某种重要的意义上说，孩子和陶罐是彼此成全的。在我们的周围，所有手工制品都是如此，只是我们对它们的参与程度不同而已。通过创造它们，我们也创造了我们的自我；通过与它们相伴，我们发现了我们的自我。

我们在与环境进行相互创造的对话时，与所处环境直接打交道的是我们自己的物质的身体。我们的身体有一系列复杂的需求，正是通过对这些需求做出反应，通过满足或遏制它们，我们不仅满足或者不满足它们的直接需求，而且还首先发现了我们的自我和我们的世界。

当婴儿第一次吸吮母亲的乳汁时，他不仅满足了自己对食物的直接需求，同时也为感知自己和他人奠定了最初的全部基础。他成为一个有基本渴望的人，并发现（创造性地）他的渴望可能会被满足，也可能不会被满足。用梅兰妮·克莱因的话来说，他发现了"好乳房"或"坏乳房"，从而发现了自己置身于好的世界或置身于坏的世界中。当他按压乳房，乳汁量随着他手指的压力发生变化时，他发现并成了一个能够影响世界的人。当他的脚踢在他的小床框上时，他同样也会有所发现，但这一次，他认识到这个世界能带给他疼痛，他的能力是有限的。

乳房和婴儿床是一个特定的世界，是婴儿发现自我和发现他的世界的物质。在这个过程中，婴儿创造性地发现了这些物质对他的意义（在帮助婴儿整合自己认知的过程中这些东西所起的作用），但它们不是婴儿自己制造的。它们不是他自己的创造物。对于他来说，它们可能是有意义的，因为它们满足或遏制了他的需求，但他并没有唤起它们的客观的现实。随着年龄的增长，他将会开始制作手工艺品，并通过这些手工艺品，独立地满足自己的物质需求——他的工具、衣服、住所等。

为了满足需求，我们制造的每一件物品显然都是具有功能性的，在这个最基本的需求面前，任何制造出来的物品，都可以通过它是否具备所需功能来判断其好坏。一个不能盛汤的碗就是坏碗；一张桌子如果太矮就会令人不舒服，或者太不稳定就无法让人放心地摆放盘子，就是一张坏桌子；一幢不能遮风避雨的房子就是坏房子，等等。

因为我们是有意识的生命，对整合我们的经验有着同样强烈的需求，为了能看到我们的自我是如何在我们的世界中被反映出来的，也为了推动我们的世界朝着更有序相干的方向发展，我们因此创造的手工制品也必须满足我们创造世界的愿望。碗的形状或质地应该以某种方式增强并有可能发展我们的美感，桌子应该增强并发展我们的平衡感和比例感，并且能表达我们好客或共同用餐的理念，房子应该表达和培养我们的家园感。

这些更明显的"人的"需求，即所谓"生活方式"的需求，直接源自意识的物理学，源自这样一个事实：大脑的量子系统要维持其动态的有序相干性，就必然会试图将所有穿过大脑的事物都拉进自己的集成系统中。

我们的工艺品、我们在这些工艺品上的思考以及我们在使用它们的过程中形成的习惯，都会融入关系整体（我们的世界）中，就像我们吃的维生素和矿物质以及呼吸的空气，都会进入动态的关系整体（我们的生命体）中。如同身体需要发育和成长以便适应环境（它的进化动力）一样，意识也需要发展，它通过整合自己的数据去形成更大的关系整体。意识的物理现象与生命的物理现象是相同的，二者都是弗洛利希式的普里戈金系统。

当我们判断一件工艺品的价值时，当我们说一个碗是好的或坏的、一张桌子是好的或坏的或者一幢房子是好的或坏的时，我们实际上是在问它是否能满足两种需求，因为当初正是这两种需求使它被制造出来，即它的功能性（它是否有用）和它是否更具有"人性"（是否反映出我们的本性并使我们的世界更美好）。实际上，更人性化的需求可以被称为审美需求。它与物体的"感觉"有关（这种感觉是物体在我们心中唤起的），与价值观有关，比如美的价值观，甚至是精神的价值观。

判断一件人工制品的功能，有简单的、完全机械的和明显客观的标准。比如不能盛汤的碗就是没用的碗，这个判断不会产生争议。同时，在建筑和城市规划方面，现代主义设计风格给我们的体验，以及从碗和桌子到衣服、汽车和房子等商品的大规模生产，都暴露出这样一个问题：产品只具备功能是不够的。

仅具备功能性的东西是有些丑陋和残忍的东西，比如桌子只是个有几条腿和一个平面的塑料制品，还有随处可见的混凝土塔楼，是我们许多城市中心的伤疤，现代主义建筑师勒·柯布西耶称之为"生存的机器"。他们特意设计的这种结构，完全不考虑任何人的因素，因此强化了一种疏离感，这种疏离感源于我们对牛顿文化的整个机械论的偏好。不体现人性的产品（即不包含人的意识）在我们使用时不会反馈任何东西。它们不与我们对话，因此不能满足我们对创造性的自我发现的需求。

如何判断一个碗、一张桌子或一幢房子是否符合我们审美需求的标准呢？这个问题乍看起来似乎更加难以捉摸。如果那些东西是我们自己自发地创造出来的，它们就会自然地表达（和创造）出我们的自我和我们的世界（通过我们塑造某件东西时，我们自己与物质之间的创造性对话的本质）。如果它们是由别人设计的或者是别人为我们制造的，它们就不能表达出我们的自我和我们的世界。它们对我们的需求"无动于衷"，甚至会扼杀我们的需求。我们该如何判断呢？

古往今来，有各种各样的审美哲学都试图回答这个问题。柏拉图认为，如果一个事物能在形式的王国中反映出它的原始形态，那么它就是美的，它相当于是这个世界上所有现存事物的宇宙蓝图。亚里士多德把美看作努力达到"中庸之道"——他的适可而止的原则既适用于艺术，也适用于道德，这一原则与他通常的观点密切相关，即事物的自然演变有自己的方向性和目的性（目的论）。

对罗马人来说，美就是反映他们法律的基本原则的东西。他们制定法律的目的是尽可能实现社会内部最大的一致性，他们的所有效率原则都来自这一目的，而不仅仅是来自功能。在英国，维多利亚时代的宏伟建筑表达了当时英国的强盛和势力范围。

今天的我们已经没有这样的视角了。从牛顿的观点来看，自然规律是无为的。它们仅仅是存在着，并且是冷漠的、机械的和确定的。随着城市生活和大规模生产的发展，人类作为自然生物想在自然界拥有一席之地的谦卑愿望也被逐渐削弱了。我们当中已经很少有人能接触到我们所吃的食物或所穿的衣服的源头，而且几乎不了解生产制造它们的自然过程（本身就是天然产品的制造过程更加罕见）。

因此，现代社会中的许多人认为，没有客观标准来评判美学价值，没有明确的方式来评价一个碗是否比另一个碗更漂亮，或者一幢房子是否比另一幢房子更令人满意。这类事情被认为是品位的问题，而且"人们的品位是无法评判的"。所以，我们最好还是把注意力集中在机械的和有功能的东西上，因为它们有明确的标准。

然而，每个人作为有意识的生命，无论我们的生活方式或环境如何，都携带着自己的自然本性。我们把它带进我们意识的物理学中，意识的物理学与生命本身的物理学是一样的。如果我们把日常用品中的美学尺度与这种意识的审美需求关联起来，那么我们可能会在它的物理现象中，再次发现某些评判价值观的自然标准，比如"美"，就像在道德领域里发现什么是"善"的自然标准一样。然而，我们必须提醒自己，对于美的表达，可能有许多不同的方式都会符合这些标准，就像有许多行为可能都符合"善"的行为标准一样。

"量子美学"必然允许同样有效的许多可能的美学风格存在，然而我们可能会发现有一个"自然的约束"支撑着我们所有的审美需求，并为我们提供了一个客观依据，用以判断某一特定风格或特定物体是否符合我们的审美需求。如果这些风格或物体能够表达或者能够陶冶我们的本性——我们意识的本性，就会成功地满足审美需求，否则就会失败。我们可以通过我们自己的弗洛利希式普里戈金系统的基本特征，以及作为意识的物理基础的有序相干量子系统，来寻找判断的相关标准。

任何普里戈金"开放系统"，无论是量子系统还是其他系统，最重要的动态特征就是：它在静态和混沌态之间的一个非常关键的分界线上达到了微妙的平衡。这就是普里戈金所描述的"远离平衡条件"。如果进入系统的能量较少，系统运行能力就会降低，内部的物质就会变得迟钝、无序或无意义。如果进入系统的能量较多，系统就会异常紊乱，变成纯粹的"噪声"。在水中，一个"向下涌动"的涡流不再是水中一个明显有组织的模式，并且与周围结构零乱的环境融为一体；一个旋转异常剧烈的涡流会散开成为混乱的湍流——它"在接缝处裂开"。

任何意识系统都能保持这种微妙的平衡，用心理学术语来说，它代表了无聊和困惑之间的分界线。

一件让我们感到无聊的人工制品，源于它的设计或制造材料都没有足够的"动感"。这一点在没有"生气"的绘画中是非常明显的，房子或碗也是如此。按照严格的机械原理设计的功能主义建筑将不会有"古怪的"边缘，所有的转角都会是正方形的，所有天花板的高度都恰好与最高个头的人齐平，所有的门窗都是完全对称的。不会带给人惊奇、不会吸引注意力的东西，因此也不会给人的大脑带来刺激。

如果建筑物除了机械线条，还都是由像混凝土这样的完全同质的合成材料建造的，那么这种无聊感就会更加明显。生物系统和意识系统不是"同质的"，除了极少数的克隆，没有任何两个生物系统是相同的，意识系统更是如此，各个意识系统与它们自身经验进行对话的内容都是不同的。

因此，由混凝土建造的功能主义建筑既不能反映意识的动感，也不能反映意识的"质地"。由此带来的无聊因素从客观上看是坏的（丑陋的），因为它违背了自然的约束。其结果会给有意识的旁观者带来实际的痛苦，我们经常在针对此类建筑的破坏行为和涂鸦行为中看到这种痛苦。

那些单调乏味的住宅区或"新城"也是如此，在那里，设计师试图应用大规模生产的技术，将一排排相同的单元房挤进狭小的空间里，他们假设我们对生活条件的要求都是一样的。这种结构没有足够的复杂性来反映意识物理现象固有的复杂性和"古怪性"（个体差异）。没有任何两个活生生的玻色 - 爱因斯坦凝聚态是相同的，我们需要看到这种个性在我们的环境中得到表达。

在这些情况下，无聊产生的痛苦会因为拥挤的物理效应而加剧。当一个电子被限制在一个太小的空间里时，它就会"暴怒"。当它的位置变得非常确定时，根据测不准原理（粒子的位置和动量不能同时被测量），就要求它的动量变得非常大。意识系统就是量子系统，因此也会在过度拥挤的环境下感到痛苦。

同样，如果一座建筑或一幅画的结构太单一，也会令人感到困惑，会让人产生痛苦的感觉。现代艺术中的达达主义运动就具有这种性质，它的大多数作品都可以被客观地评价为丑陋。达达运动反对一切结构和习俗，试图表达弗洛伊德本我的非理性世界。像詹姆斯·乔伊斯（James Joyce）的《芬尼根的守灵夜》（*Finnegan's Wake*）这样的小说，每页都提供了太多思想上的联想，让人感到非常困惑。

不考虑设计标准而随意建造的建筑物，如果没有别的因素，很可能会倒塌。许多市中心的居民区看起来杂乱无序，就是因为对住房风格和结构考虑不周，许多城市本身也是毫无章法或者毫无理性地到处扩张。在美国，很少有城市有任何绿化带的规划限制，这种杂乱无章被允许不加区别地推广到周围的乡村。在这种混乱状态中，人们几乎看不到自己的本性，并且在这些居民区和城市里，疏离感日益深化。

同样，如果一幢房子里堆了太多的家具、有太多不协调的装饰或不协调的颜色，或者仅仅是太多的杂物，那么它就失去了家的感觉。当我的孩子们把游戏室搞得太杂乱，没有一件玩具放在该放的地方时，他们就会抱怨"那里太乱了"，并会跑到客厅里来。游戏室的无序状态，违背了他们自然的、有意识的需求：在他们的环境中要保持适当的有序一致性。

日本的花园，可能是反映意识动态本性的设计理念的一个更积极的例子。在那里，流动的水（瀑布）、层叠的小山和在多个层阶上保持平衡的岩石都暗示着一种平衡的动感。在精选的树木和植物中间，色彩和结构的精美而有感染力的叠加，同样会带来动感效果。在这样的环境中，你会感到既平静又刺激。

对日本人来说，园林是一种近乎宗教的人工制品，是人类精神与自然和谐统一的物质表现，它体现了人类意识的品质，这并非偶然。它是通过使用完全天然的材料来达到这一目的的，但在西方，也有一些建筑物用更多的人造结构创造了同样的效果。比如，密斯·凡德罗（Mies van der Rohe）早期的玻璃建筑就是一个很好的例子，这些建筑似乎是用它们的材料基板雕刻而成的，而非简单地组装起来的。

对于许多比较粗糙的日常用品，长期使用也会产生同样的雕刻效果，前提是：制作这些用品的材料，在与人的生活方式或人的活动对话中逐渐与人融合。一把刚出厂的锤子没有什么"性格"，如果它配的是一把木柄，最终木柄会呈现出一种在工人的劳动中反复与工人的手接触后产生的形状。一双新皮鞋，如果设计得好，尤其是手工制作的，也可能会有相当高级的美感，但只有经过穿鞋者穿过，并慢慢被穿鞋者的步态和生活方式塑造后，才会完全成为一种审美对象。所以，农民的鞋子也因此成为梵·高绘画的合适主题。

锤子或鞋子、日本花园或凡德罗大厦，在海德格尔的美学理论中被称为"世俗"，它是展示使用者的世界的方式，这种世俗不仅反映了意识系统（以及所有的生命系统）在静态和混沌、无聊和困惑之间的平衡方式，还反映了量子叠加效应的多重可能性（隐藏的"深度"），这是任何一个量子系统的本质特征。

量子系统就像诗歌，总是孕育着尚未实现的意义，总是祈求被召唤和被解释。薛定谔的猫既活着又死了，正是这种二象性，使它成为如此迷人的角色。我的思维可以时而采取这种方式，时而采取那种方式，时而与这里产生联想，时而与那里产生联想，正是这种自由的、不断变化的特性才使人类具有了创造性。同样，如果让我在自己周围创造的世界以及其中的物体自然进化，将会表达出这种诗意，而那些专门为我设计的东西，只有在它们反射出美的时候我才会感觉到"美"。

机械世界不具有这种自由的和不确定性的深度。它是确定的和"肤浅的"，没有隐藏的视角。粗糙的、功能主义的建筑或专门建造的完全相同的单元房，就像毫无文采的散文。我们能一眼看到并感受到它们所拥有的一切，在这之后，就没有任何东西能与它们进行相互创造性的对话了。塑料碗或塑料家具、塑料桌面和塑料玩具也是如此。

塑料是一种确定的一维材料，由它制成的东西始终都是步调一致的。它呈现出的任何确定的形状都是我们最初想让它呈现的，然后它就不会再发生变化了。它可能会出现划痕或开裂，但它不会自然磨损，也不会随着底部形状的变化或手指的不断挤压而变形。它不会因为臂肘总是搁在上面而磨损，不会随着手艺人的情绪变化而微微摇晃，也不会被孩子一直抓在手上玩耍而变脏。它的对话和创造世界的能力并不比它的强大对手——混凝土强多少。

世界创造本身（在这种情况下，人与他的物质工具以及周围环境进行相互创造性的对话）与意识物理学最基本的特性、与意识的有序相干性以及增加和扩展这种特性的深层"本能"紧密相联。物质的东西不会融入我们的世界，因为它们太无趣、太令人困惑、太僵硬或者太无个性，在刺激意识或增加灵感来源方面毫无作用。它们只会带来一个严重的后果：把有意识的人类在物质的创造和使用过程中认识彼此并分享一个世界的能力降低了。

海德格尔生动地描绘了我们如何通过梵·高的画作《农鞋》进入农民和他劳作的世界，我们如何分享农民与土地和天空、与其他农民和德国民间传统的关系。如果我们碰巧遇到那双鞋子、农夫的犁，或者他用来控制马嚼子的链条，那么在较小的程度上也会产生类似的结果。这就是我们对古董和老物件感兴趣的原因。实际上真正吸引我们的是使用过这些旧物件的人的一切。

同样，当我们参观古罗马斗兽场或庞贝古城时，我们进入了古罗马的世界，进入了古罗马高度融合的文明，进入了曾在这些地方生活和逝去的古罗马人的世界。我们可以感受到光荣战车的飞奔、庞贝人每天的欢笑和爱，以及熔岩冲下山坡时的可怕场景。

如果我们进入沙特尔、巴黎圣母院或圣米歇尔，就会见识到基督教鼎盛时期所有的权势、荣耀和威严，会感受到贵族和农夫的存在，感受他们在长达几个世纪的时间里在这些拱门和香薰的墙壁之间祈祷、点燃蜡烛、表达他们最深切的渴望。一个简陋的、破旧的、皮革的祷告垫子在讲述着数十万个生命的故事。

未来的某一天，当我们的子孙后代发掘出我们的混凝土塔楼和薄钢板及塑料碎片、聚酯窗帘和无皱免烫衬衫时，他们从曾经住在那里的人身上能找到什么呢？从居住在一排排相同的专门建造的房子、相同的毫无特色的街道上的彻底绝望的人们那里能找到什么呢？那些人工制品能反映出他们主人的生活和爱、他们的劳作和愿景吗？就像里尔克在100多年前所说的，我们正在慢慢地失去"看得见的蜂蜜"：

即使是在我们祖父那一代，一幢房子、一座喷泉、一个熟悉的高塔、他们特有的衣服、他们的外套，都是无限亲密的；几乎每一件物品都像是一个容器，他们能从中发现人性，或者往里面增加他们的一份人性。而现在，来自美国的无趣冷漠的东西涌向我们。美国意义上的一幢房子、一个苹果或者一串葡萄，与那些能把我们带入祖先的希望与沉思中的房子、水果、葡萄没有任何共同之处。那些曾经活生生的、现在仍然鲜活的东西，那些与我们思想相通的东西，正在衰落中，而且不会再有替代物。我们大概是最后一批知道这些事情的人。

里尔克错误地认为，这种精神上的亵渎仅仅是美国的问题，甚至可能是起源于美国，并且我们不一定是最后一批与物质世界曾经有过生动对话的人；但他的话确实表达了一种痛苦，一种许多人在面对不断蔓延的丑陋和毫无个性特征的、冷酷的、矫饰的和无聊的物质环境时所感受到的痛苦。

这种物质的贫瘠不仅使我们与其他文明隔离，与后代隔离（因为这些后代在我们的人工制品中几乎找不到我们的影子），还使我们在日常生活中不知不觉地与彼此隔离。

当我谈起这些事情时，谈起能反映意识物理学的物质的东西和不能反映意识物理学的物质的东西时，谈起以后的人将要面对的贫瘠以及随之而来的疏离感时，我想起了当年住在伦敦市中心时两个当地的公园，那是我非常熟悉的地方。其中一个公园由当地市政局负责，另一个由当地九条街道的居民们负责。

一个世纪以来，市政局管理的公园的设计和种植都是很随意的，由居住在该地区以外的带薪市政园丁来维护。这个公园很大而且很平坦，随意挑选的灌木和树木杂乱地栽种在一起，游戏区没有遮阴并且铺着沥青地面，周围是高高的铁丝网栅栏。公园的背景是路旁那些高大的砖混建筑，市政局没有采取任何措施把公园从视觉上与难看的背景分开。

这个公园很无趣，它的设计和种植方案既没有动感，也没有一致性，多年来一直由专业园丁维护，但他们没有把自己的任何东西注入其中。公园没有表现出与周围环境创造性的对话，也没有引起经常光顾它的人们的共鸣。它不属于任何人的世界的一部分。公园里经常发生暴力事件，比如酗酒斗殴、抢劫和骚乱，到处都是垃圾，而且经常被肆意毁坏。

那个较小的社区公园是由当地居民和他们的孩子们设计、建造和种植的，此前他们从市政局那里得到一笔来之不易的拨款，用于改造一个废弃的建筑工地。当地居民不顾市政规划人员的反对（市政规划人员将居民们的想法斥为"愚蠢的装饰"），用卡车运来大量泥土，在部分场地上建造了一座小山。他们种植了颜色和品种相互融合、相互映衬的植物；选择了色彩鲜艳的游戏设备，用供母亲们坐的长椅和遮阴的树木围绕着游戏设备。整个公园都被维多利亚时代风格的锻铁栏杆包围着，这些栏杆都是居民们自己粉刷的。

有两年的时间，新灌木都是由当地居民轮流灌溉，其他团队则负责清除杂草。后来，公园的大多数创建人都逐渐搬离了这个社区，少数留下来的人开始担心市政局曾经的预言——小公园可能会遭到破坏或滥用。因为这个地区是一个简陋的、以蓝领阶级为主的移民聚居区，随着老住户的搬离，知道小公园历史的人也越来越少。然而那种担心是多余的。那些破坏市政大公园的孩子们却很在意小公园。那些移民妈妈们平时从不关注在主要商业街道上的垃圾，却密切地关注着小公园里的垃圾。某些"神秘的人"一直负责清除杂草，公园依旧美丽。

这座小公园是一个世界。它源于一个社区对周围环境的关注，并产生于当地居民与一块废弃土地之间的创造性对话。通过对话，一种更广泛的邻居关系和一个公园被创造了出来。非创建人的居民们被吸引到公园的有序一致性中，并与最初建造公园的人共享一个世界。这个公园虽然与古罗马斗兽场或沙特尔不可同日而语，但同它们一样，也是一个"曾经有生命的、现在仍然鲜活的东西"。

建小公园的想法最初是由一小群敏锐的、受过教育的人提出的，其中许多人活跃在伦敦剧院。他们被市政官员嘲讽为"精英分子"，因为官员们自认为更了解那类社区真正需要的是什么。官员们认为，这个社区的第一选择是建停车场，第二选择是建小型的、荒凉的城市公园。他们觉得伦敦市中心的爱尔兰人、印度人和巴基斯坦人不需要维多利亚时代风格的栏杆和有着古怪拉丁语名字的树木。

世界各地有些城市的规划者、市政官员和建筑师都表现出同样的傲慢。他们自己可能住在规划良好的社区里，住在富有想象力的房子里，但他们仍然认为，混凝土塔楼与简陋的露天场所都是"社区民众"能够欣赏的。同样的傲慢，或者可能只是粗心大意的懒惰，导致了设计糟糕的学校和活动中心，导致了市中心的公共餐饮场所只提供油腻无味的"塑料"食品，导致了市中心的服装店销售的都是剪裁糟糕的合成面料服装。

即使是普通民众也在他们意识的物理现象中携带着本性，并且需要看到他们的本性在环境中被反映出来。在过去充满田园气息的淳朴时代，人们自己做衣服，做手工制品，他们的家里充满了自己的作品，使他们的生活丰富多彩。而今天，这些作品被自然而然地称作了"民间艺术"或"农民手工艺"，拥有它们已经成为富人的特权。

今天的城镇职工和"农民"要依靠别人来提供生活必需品，依靠别人来设计他们的衣服、选择他们的食物和建造他们的房子。但是，当他们的世界充满塑料和水泥的东西，让他们无法发现自我时，他们的世界是贫瘠的，他们的疏离感侵蚀了现代社会的组织结构。

第15章
量子真空

如果把人类与宇宙看作命运共同体的话，那么这个共同体就称为上帝，它应该成为人类永恒的信仰。

经典物理学把上帝赶走了，却无法填补人们信仰上的空白，因而造成了各种疏离感。书中说，如果我们要在新物理学的宇宙中寻找某种可以被我们想象为上帝的东西，那么相干量子真空可能是一个很好的基点。

到了这一章，作者的观点就完全清晰了，即意识与量子物理凝聚态的关系，表明意识与物质世界有着密不可分的关系，意识与物质的运行机制服从同一个物理原理。宇宙在发展进化过程中，始终与人类的意识有关联，二者有如同伙伴一样的关系。

　　我们神秘地生活在宇宙流动的共同生命之中。

马丁·布伯 [①]

　　在我很小的时候，每当我仰望夜空时，会看到北河二、双子座、猎户座和仙后座。它们不只是星座，还是我读过的许多激动人心的故事中的人物、英雄，他们的勇敢行为极大地引发了我的许多灵感和幻想。每当狂风大作或暴雨袭来时，我想那一定是波塞冬在发泄他的愤怒，或者宙斯在发脾气。

　　我的母亲是一位古典文学教师，我的祖父是一位虔诚的基督徒，他们使我的童年充满了众神和信仰。但随着年龄的增长，我对这个世界的"真实面貌"有了更多的了解，对天文学、宇宙学和进化论有了更多的了解，我童年的信仰（以及由此构建的整个世界）就逐渐变成了许多神话故事。于是，我感到夜空变得冷漠无情，而对于整个世界来说，我自己的存在只是一个偶然的和无足轻重的事件。在这方面，我的经历反映了我这一代人的经历，在很大程度上也反映了过去几代人的经历。我们的科学与我们的传统信仰是背道而驰的。

　　许多人认为，现代科学的发现不一定会对传统的宗教信仰产生影响。正如英国物理学家布赖恩·皮帕德（Brian Pippard）所说的："真正的信徒……不需要

---

① 摘自《我和你》。

害怕——他的堡垒是科学无法攻破的，因为他占据的领地对科学来说是封闭的。"在这种观点下，信仰和理性代表着两个不同的世界，说着不同的语言，维持着不同的真理观。它们彼此陌生，既不能学习对方也不能反驳对方。但是，鸵鸟式（"我不想知道"）对待科学的方式，既没有出现在宗教的历史中，也没有出现在大多数人的个人经验中。

我们也许比以往任何时候都更想了解我们自己和我们的世界，了解宇宙的历史和我们在宇宙中所处位置的历史，从而形成一幅连续的图景，告诉我们应该如何行动，朝着什么目标努力，知道什么是有价值的，什么是没有价值的。但是我们越来越多地依赖科学来告诉我们这些事情。当科学给不出答案时，我们便会感到迷茫。

无论是牛顿的机械物理学，还是达尔文的生物学，都没有对形成一幅我们自己在宇宙中的连续图景做出多少贡献。牛顿物理学中丝毫没有关于意识的内容，也没有关于意识生物的目的或目标的内容

同样，在达尔文的生物学中，无论是关于原始野性和基于决定论的思想（适者生存），还是新达尔文主义强调的随机进化，都没有解释我们为什么会在这里或者我们如何与物质现实的演变相关联，更不用说意识进化的目的和意义了，只留下了简单的功利主义结论——意识似乎被授予了"一些进化优势"。

机械科学为我们提供了大量的知识，但没有一个可以解释这些知识的背景环境，也没有一个可以把这些知识与我们自己和我们所关心的问题联系起来的背景环境。同样，科技给我们带来了更高标准的生活，但是不知道这样生活的意义是什么——没有更高的"生命质量"。技术，同纯机械科学一样，是价值观中立的；它可以用于任何用途。在许多方面，技术已经展示了自己的力量，就像绝对的客观性是牛顿物理学的力量一样——它把目的性和机械性分开，使我们能够清楚地看到机械产生作用的原因。但是这种科学和技术没有告诉我们任何关于我们自己的事情，使我们感到与周围的物质环境格格不入。因为科技本身不提供精神上的

补给，所以它使我们疏远了彼此，也疏远了我们的世界。

本书一直在论证的是：量子物理学与意识的量子力学模型相结合，会为我们提供一个完全不同的视角。从这个视角出发，就能看到我们自己和我们的目的都是宇宙中的一部分，我们就可以理解人类存在的意义，从根本上理解为什么有意识的人类会出现在这个物质的宇宙中。如果这样看问题的方法得以实现，它不仅不会取代所有在宗教精神和道德层面波澜壮阔的诗歌和神话的意象，还将为我们提供形成一个连续世界图景的物理基础，在这个图景中我们能找到自己的位置。

之前，在讨论薛定谔的猫的问题时，我曾介绍过，量子物理学提出了意识的问题，并且在某种程度上使意识成为物理学自身的一个问题。在所设计的实验室实验中，我们的意识参与其中并唤起了许多可能的量子现实的一个特定方面，并使这个特定方面得以实现，如同孩子在制作陶罐时，他的意识参与其中，并唤起了一个特定的陶罐（也唤起了一个特定的孩子）。

但是，如果要追踪这种意识和物质之间的创造性对话，我们能往回追溯到多久以前、能深入形成共同现实的哪个层面上，而且我们该如何将这种对话与意识的物理学联系起来呢？我们要在什么范围内、回到哪个层面上，才能看到意识在创造客观的物质现实（我们可以碰撞、观察和测量的东西）方面所扮演的角色？我们能在多大范围内可以把现实看作意识发展过程中的一个创造性角色？

在试图回答这些问题时，有必要澄清我们所说的意识是什么意思。

在人类的语言中，"意识"这个词包含了一整套意义和联想，比如思想、智力、理性、目的、意图、认知、自由意志的行使等。其中一些显然可以扩展到描述高级动物的有意识行为，还有少部分甚至可以用来描述像阿米巴虫这样的简单生物。但是当意识这种宽泛的、完全人类意义上的词汇被用来描述一种超自然力量或无所不在力量的行为时（这种力量在混沌初开时创造或塑造了物质世界），绝对不是我在这里使用这个词汇的意思。

毫无疑问，从最完整和最广泛的意义上说，人类意识经历了漫长的进化过程，它是从更简单、更基本的意识形式中发展起来的。如果我们想了解自己复杂智力的本质和动态，以及这种智力在更广泛的事物发展进程中的位置，我们就需要看到那些更简单的意识形式的根源以及它们与物质世界的对话。在追踪人类意识进化遗迹的过程中，我们可能会获得纵观整个历史的某个视角，而我们就是这段历史中的一部分。

我已经介绍过，我们在任何层面上能够认知的存在于我们自我中的意识，其物理基础就是一种非常特殊的动态关系的整体——大脑中弗洛利希式的玻色－爱因斯坦凝聚态，这是存在于神经组织或神经元细胞壁中的玻色子（光子或虚光子）的一种相干排列。这种量子相干性，能使人脑 10^{11} 个神经元中的一部分或者全部产生相干激发，而相干激发能使信息被整合，从而使我们的意识得到统一，并最终产生对自我和世界的感知。

如果没有光子（或其他玻色子）有序的玻色－爱因斯坦相干性，就不会产生对自我和世界的感知；但同样，如果神经组织中没有物质成分，也就不会有玻色－爱因斯坦凝聚态。量子相干性（意识的基态）与神经组织（物质）两者之间的相互关系为大脑提供了意识运作的能力。之后，这种能力又与处理环境数据的所有神经网络联结在一起。

因此，从我们和其他高级动物的意识层面上看，物质和意识之间发生了创造性的对话，这是显而易见的，也是至关重要的——物质与意识都不能还原为对方，也都不能在没有对方的情况下发挥作用。

从一个更基本的层面上看，这种同样有序的量子相干性被认为存在于所有的生物组织中，并一直延伸到 DNA 本身。正如我们已经看到的，这种相干性与生命本质上的创造性有着不可分割的联系。这种创造性源于所有生命系统（弗洛利希式普里戈金系统）的自组织能力，这种自组织能力就是将周围环境中非结构化的、惰性的或无序的物质吸引到一个动态的、相互创造的对话中，从而产生更复杂的结构和更大的有序相干性。因此，生命系统的相干一致性既唤起了迄今尚未被认识到的物质中的一种潜能（使物质自身变得有序），又使生命系统自身完全得以实现。

有序的量子相干性，也就是生命，并没有产生自觉意识的能力，而我们所谈及的与自觉意识有关联的量子相干性是与更高级的大脑功能联结在一起的。量子相干性是无反射的，如果说它有一个"目的性"的感觉，那将是一种拟人化的投射。但正如伊利亚·普里戈金所言，它确实有一个方向感，这种方向感被称为"它的进化范式"。

生命似乎总是创造出更多的生命、更多更大的有序量子相干性。这是在我们意识系统中发现目的性的一个明确前提。所有生命都有同样的物理现象，通过物理现象，我们就可以追踪我们的意识，追踪到某些我们与任何生物共享的非常原始的东西上。在每一个拥有有序的量子相干性的层面上，都会有一种创造性的相互作用出现在相干性和它周围的物质之间。

所以，我们有意识的人类与所有其他有意识的生物，确实共享着我们的一些意识本性。我们在一个更简单的层面上与所有其他生物共同服从我们意识的基本物理原理——我们都与物质环境有着共同的相互创造性的对话。但这里有个有趣的问题：生命本身有没有任何"祖先"。难道生命的世界仅仅是野蛮宇宙发展进程中的一个随机分支，而这些发展过程本身与生命格格不入，或者是否有一些物理学的"早期祖先"成了生命的物理学？我们能否追踪我们意识的祖先，一直追到非生命的世界里？

我在前面（第 7 章）论证过，我们意识的源头最终可以追踪到一种特殊的关系中，这种关系存在于两个玻色子相遇的地方，存在于它们想要结合、重叠和共享一个身份的习性中。正是这种习性使得更复杂的量子系统（那些在生命和人类意识中发现的系统）能够获得更大的相干有序性，即数以百万计的玻色子重叠后共享一个身份，表现为一个大玻色子，但仍保持着两个玻色子相遇那一刻每个玻色子的原始形态。研究光子的物理学家称之为"光子聚束效应",他们注意到从任何普通的非相干光子源发射出的光子在到达探测器时都是成群结队的(见图15-1)。喜欢"社交"是它们的天性。

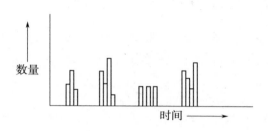

图 15-1 光子"聚束"

注:如果我们用无序的(非相干)光子源,光子抵达探测器时就像一堆尘埃。

这种聚束效应使德国物理学家弗里茨·波普得出这样的结论:"生物系统与非生物系统的区别在于,电子能级的占有数急剧增加(大 20 倍的一个数量级)。"也就是说,在生物系统中,光子会非常多地(指数级)聚集在一起,直接"挤进"一个相干的玻色 – 爱因斯坦凝聚态中;而在非生物系统中,光子的密度则较低。但这种差异只是程度上的,而不是原则上的。

在光子聚束的过程中,我们看到相干性是构成生命的原始"祖先",但它本身不受时间影响,它没有方向感。在"自组织开放系统"的物理学中(伊利亚·普里戈金的物理学)描述了产生那个方向的过程:开放系统与熵驱动的系统不同,其中的秩序永远是增加的。生命系统就是这样一个开放系统,但它们的物理学可以往回追溯,一直追溯到非生命的世界。

一个普里戈金开放系统就像一个瀑布,需要由流经系统的物质或能量流来驱动。在一个静态的或均匀的宇宙中,在一个处于平衡态的宇宙中,不能提供使系统的秩序不断增加的驱动力。请大家一定要记住:创造性只在远离平衡条件的地方产生。

我们的宇宙既不是均匀的,也不是静态的。人们只要抬头仰望一下夜空,就能看到银河系和群星，所有这些星系都储藏着巨大的引力势能，这些势能可以驱动普里戈金式自组织系统。正如普里戈金的同事格雷瓜尔·尼古拉斯（Gregoire Nicolis）所说的："因此，引力可以被看作宇宙中一个基本的组织因素，调解从平衡到非平衡的过程。"引力本身就是一个玻色子力场。

因此，玻色子（引力子）是一种推动宇宙走向更大秩序的大规模驱动力。从更基本的层面上说，它们甚至要对量子波函数的坍缩负责，是薛定谔的猫之谜将这一问题凸显了出来。

根据研究，当两个玻色子重叠并共享一个身份（或当它们不再重叠）时，波函数似乎会发生坍缩。从这个严格而有限的意义上讲，意识的根源可以追溯到两个玻色子相遇的任何地方，所以说意识坍缩了波函数也许是正确的。这种坍缩是自然界最基本的不可逆转的过程。这将成为另一种更基本的方式，玻色子（意识的基石）最初就是以这种方式把一种方向感引入了物理学（亚里士多德的目的论），这是一种必然与物质世界相关联的方向感。

玻色子本质上是"关系粒子"。它们是所有自然力量的基本组成部分——强的与弱的核能、电磁力与引力。它们是意识最初的"祖先"，但它们也将物质世界联系在了一起。

组成物质世界的基本构成单元是费米子（如电子和质子），这些"不擅交际"的粒子们更愿意保持自己的独立性。如果没有玻色子，费米子们几乎不会聚在一起建造任何东西；[①] 但如果没有费米子，玻色子就没有可用来建立关系的任何东西，因此也就没有任何东西可用来排序和构建它们自己的更复杂的相干性。从混沌初开，在物质世界和意识世界形成的最初期，构成物质的单元（费米子）和构成意识的单元（玻色子）必然要参与到一场相互创造的对话中。

这就是使宇宙展开的基本动力的重要组成部分，后来这些重要组成部分又以

---

① 也有例外，比如两个费米子重叠并表现得像一个玻色子，这种情况发生在共价键的电子环中。

一种更复杂的形式构成了人类。有了对意识起源的理解——它开始于两个玻色子相遇的地方，那么关于意识的逐渐进化是宇宙展开背后的驱动力的推测可能就不太离谱了。这并不像说大脑创造了世界那么惊人，但它表明构成大脑的基本单元（玻色子）从一开始就存在，并且是创造过程中必不可少的合作伙伴。它们在创造自己（满足它们的"关系"本性）的同时，也唤起了世界。

"意识谱系学"的提出为宇宙学家称为"人择原理"的一个版本提供了一种新的物理解释。"意识谱系学"把我们自己复杂精神生活的根源追溯到了简单的玻色子关系中，把宇宙的起源追溯到了玻色子和费米子之间相互创造的对话中。"意识谱系学"提出了许多版本，从"弱"的版本，宇宙必须看起来像我们所看到的那样，因为是我们在观察它；到"强"的版本，更笃信地认为，一些像我们这样的智慧生命必须来自正在展开的宇宙。

我提出的意识谱系在有限的范围内支持了约翰·阿奇博尔德·惠勒的版本，即"参与性人择原理"，并且这个版本认为"观察者是创造世界的必要条件"。

用我的话说就是，"观察者"并不是像我们这样成熟的、聪明的、有自觉意识的生命，而是从我们自己和我们一长串谱系上的所有祖先，一直回到简单的玻色子对。没有那些玻色子，就不可能有我们所知道的宇宙——它们是把事物黏合在一起的"胶水"；如果没有像我们这样复杂的生物，宇宙的展开范围可能会变小，或者至少要慢得多。正如伊利亚·普里戈金所说："有趣的是，随着复杂性的增加，从石头到人类社会，时间之矢的作用、进化节奏的作用，也在增加。"

这种增强进化节奏的能力，特别是增强意识进化节奏的能力，可能暗示了人类存在的原因。这可能是我们为什么在宇宙中的关键所在，并让我们对自己在宇宙进程中所处位置有一个准确的概念。为了充分理解这一点，我们需要考虑我在本书中提出的人类意识物理学与量子场论提出的量子"真空"物理学之间的关系。

量子真空的命名非常不恰当，因为它不是空的。相反，它是一种基础的、根本的和潜在的现实，包括我们自己在内的宇宙中的一切，都是这个现实的一种表达。正如英国物理学家托尼·赫（Tony Hey）和他的同事帕特里克·维兹（Patrick Walters）所言："现在，应该把'空的'盒子看作虚拟粒子／成对反粒子的沸腾的'汤'，而不是什么都没有发生的地方。"或者像美国物理学家大卫·芬克尔斯坦（David Finkelstein）说的："因此，真空的一般理论就是一切的理论。"

大爆炸之后，我们现在的宇宙诞生了，于是有了空间、时间和真空。真空本身可以被设想为一个"场域"，或者更有诗意地说，是一个可能性的海洋。真空中不包含任何粒子，但所有粒子以激发态（能量涨落）的形式存在。例如，如果我们生活在一个充满声音的世界里，那么真空可以被想象成鼓皮，鼓皮振动便发出声音。真空是万物存在的基底。

从理解意识、意识的根源和意识的目的的角度出发，我们有个令人兴奋的认识：真空中的一个场被认为是一种相干的玻色–爱因斯坦凝聚态，即一种与人类意识的基态具有相同物理现象的凝聚态。更进一步的是，这种相干真空凝聚态的激发态（涨落）似乎与我们自己的弗洛利希式玻色–爱因斯坦冷凝态的激发态具有相同的数学特性。

理解这一点很可能会让我们得出这样的结论：赋予人类意识的物理性能是量子真空的基本可能性之一，是所有现实的基础。它甚至可能让我们有根据地去推测，真空本身（因此宇宙）是"有意识的"，即它正平静地朝着一种基本的方向感、朝着进一步和更大的有序相干性迈进。如果我们要在新物理学的宇宙中寻找某种可以被我们想象为上帝的东西，那么这个基态、这个相干量子真空可能是一个很好的起点。

人类意识的基态是相干的，但它本身是"无趣的"——没有特性，同人类意识的基态一样，相干量子真空内部包含着所有的可能性①，但只能通过自己内部的涨落来实现这种可能性，通过激发产生粒子并在它们之间建立相互关系。对我们

---

① 至少，所有意识的可能性——物质世界可能来自真空中的非相干场。

来说，这些激发产生了思想。我们的思想是意识的"有趣"和创造性的一面，但是获得这些特性的代价是从相干基态中分裂出来，就像粒子那样。

在宗教术语中，这种分裂可能等同于疏离，或人类的堕落。它是所有创造性（或知识）的先决条件，但它意味着要离开完全适应了的伊甸园。

然而我们已经看到，宇宙的基本进化驱动力是朝着越来越有序的相干性方向推进的，或者至少是朝着最终产生生命系统和人类意识的方向推进的。因此，一旦粒子（玻色子）从真空相干基态中分裂出来，就会经过一个漫长而缓慢的过程来重新寻找（创造性地重新寻找与费米子合作的机会）一种新的相干性。

我们人类需要形成一个相干的世界，我们要做大量的工作来推进相干性的进化过程：首先作为一个物种，然后作为个体，最后通过我们的关系和我们的文化。每个过程都是创造更大的有序相干性的更高一级的阶段，并且在进化的每个阶段，我们都可以这样来推测：这一过程本身就是在与真空对话，就是在表达真空内部的进一步涨落。神秘的体验有时被描述为它们可能反映了这样的对话（见图 15-2）。

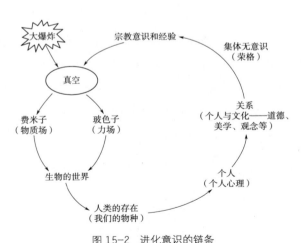

图 15-2　进化意识的链条

注：事物以涨落（激发）的形式出现在真空中，向新的相干性发展，并以"浓缩"涨落的形式回归真空。

用广义的量子术语来说，关系是一个与其他量子系统（以及彼此的世界）相互重叠并形成非局域性关联的过程——观看、感觉并成为这个过程的一部分。

荣格讲述了有关美国普韦布洛印第安人的一个信仰的故事：普韦布洛印第安人认为自己是太阳之子，因此他们每天的职责就是履行一个仪式——帮助太阳父亲穿越天空。他们认为，这是一种了不起的责任，并认为他们是为了全世界的利益而履行这一责任的。荣格谈到这个信念时说：

> 此刻我顿时明白了每个印第安人的"尊严"，以及他们的安静与沉着是建立在什么基础上的。他们是太阳之子；他们的生命在宇宙中是有意义的，在太阳父亲每天的东升西落中，他们协助了父亲和所有生命的保护者。如果把我们的种种自我辩白和我们的理性所表述的生命意义与他们的相对比，我们就只能看到我们的贫乏。

了解意识的基本起源和我们自身在其进化中的位置，可能有助于我们超越这种贫乏。

因为被描述的整个进化过程是一个量子过程，所以它可能会有许多"虚拟跃迁"或概率上的"真实跃迁"，最终导致我们成为意识进化链中（进化的有序相干性）一个关键环节的过程，可能不是最终的生存过程。在宇宙进化的戏剧舞台上，作为永恒的伙伴，我们的成功与失败将受到与我们道德或美学的成功与失败同样的"自然约束"。如果我们的存在使宇宙内产生更大的有序相干性，我们将是成功的物种，否则我们就是失败的。在此期间，我们只是处在一种测试运行中，只是池塘上泛起的一个可能性（概率）涟漪，即便如此，我们也会留下我们的印记，"因为虚拟跃迁有许多实际效果……"

斯蒂芬·霍金曾说过，假如我们能发现一套完整的宇宙学理论，我们可能就会了解上帝的心思。而我想说的是，如果我们真的了解我们在宇宙进化中的位置，我们可能会把自己看作上帝头脑中的思想（激发）。从某种非常重要的意义上讲，我们每个人都生活在一个宇宙的背景环境中。

第16章
量子世界观

经典科学导致了人的疏离感，量子科学能帮助人消除疏离感。

量子世界观就是用看待量子的方式来看待意识的世界观，它强调动态关系是一切<u>存在</u>的基础。强调<u>精神</u>是一种关系，精神与物质的结合产生了我们的自我和我们的世界。

量子世界观能使我们与自己、与他人、与大自然建立彼此依存、相互融合的关系，能使我们充满信仰，摆脱心灵空虚带来的各种精神问题，摆脱自恋主义，消除在生活各个层面上的疏离感，成为自由的和负责任的、信守承诺的和富有创造性的自我。

我们是音乐的创造者，

我们是美梦的梦想家。

然而，我们似乎永远是

惊天动地的豪侠。

我们在说谎的年代里，

在被埋葬的世俗的过去，

用我们的叹息建造尼尼微[①]，

用我们的欢笑竖起巴别尔[②]；

并向新世界的旧价值观发出预言；

因为每一个时代都是一个正在消亡的梦想，

或即将诞生的梦想。

阿瑟·威廉·埃德加·奥肖内西（Arthur William Edgar O'Shaughnessy）[③]

　　奥肖内西诗中的音乐创造者和梦想家，被认为是诗人、作家和哲学家，他们给我们带来了幻象，诗中的人们也具有某种超越生命的能力，能感知和表达任何

---

① 古代亚述的首都。——译者注

② 通天塔。——译者注

③ 摘自《颂歌》。

时代的梦想。

从某种意义上讲，我们每个人，由于我们意识的本质以及意识整合其经验的需要，至少在一定的小范围内是一个有远见的人。每当一个孩子做出一个陶罐，或者一个人做出一个决定时，他就已经在某种意义上创造性地发现了将我们所有人团结在一起的要素——我们的"世界观"。当孩子把他的世界中的各个部分拼在一起时，或者当一个人对自己生命的意义感到好奇时，情况就更是如此。正如里尔克所说的，我们每个人都是"隐形的蜜蜂"。这就是我们拥有创造性的意义所在，也是由创造性带来的令人畏惧的责任。

孩子可能无法完全清晰表达他的世界是如何拼起来的，一个人也无法直截了当地表述他生命的意义。对于我们大多数人来说，世界观就是一个活生生的真理，我们把它视为理所当然，很少试图去描述它。通常只有在出现问题时，比如我们的世界观在某些方面碰壁了或者正在转变时，我们才会有描述它的动机。只有在这个时候，我们才会对它产生自我意识。

从个人的层面上来看，世界观是贯穿一生的主题，是一条丝带，把明显不同的部分穿在一起，再联结成一个相干的整体。我们每个人都有一个世界观，或者至少努力去获得一种世界观。我们寻找的世界观模式，是使我们的决定或我们的行为具有意义的模式。我们会问自己：我们的成年生活与童年生活有什么关系？我们的成就与年轻时的抱负或父母的期望有什么关系？我们的逍遥时光和所获之物以及我们的工作与我们的价值观有什么关系？

从个人层面上讲，如果一个人无法建立某种相干一致的世界观，那么他自身的生活就会是支离破碎的。我们说这样的人"失去了方向感"，或者"不知道自己是谁"。在这个层面上遭受的疏离感就是对自我的疏离感。

从更社会化的层面上看，世界观把我们与他人关系中的许多因素结合在一起，既包括亲密关系（在很大程度上定义了我们的存在），也包括更广泛的群体和社会关系，这些关系构成了我们的一些重要部分，比如我们的朋友圈或同事圈、我们的邻居、我们的"团伙"（有共同激情或爱好的人）、我们的民族和我们的文化。每个人都会问自己：自己与其他人的活动、关注点和期望有什么关系？我们看着心爱的人，看他的愿望与我们自己的愿望有什么关系，我们看着一枚奖章、一面旗帜或一幅画，听一段圣歌、一首赞美诗或一段音乐，感受着自己内心的某种回应。我们把这些东西变成我们自己的，因为它们表达了我们是谁。

在这个社会层面上，如果一个人无法建立某种相干一致的世界观，那么自我对他人的感觉就会崩溃。无论是归属感还是从这种归属感中自然产生的道德感都会支离破碎。我们觉得自己是"孤独者""局外人"或"不合群者"。从最广泛的意义上讲，在这个层面上遭受的疏离感，就是对社会的疏离感。

从更一般的层面上讲，在最常用的表达方式中，世界观是一个主题，它融合了自我的感觉、自我和他人的感觉，以及这些感觉如何与更广阔的世界，如大自然和其他生物的关系、与整个环境的关系、与行星、与宇宙，即某种总体目标或方向感相关联。正是在这个层面上，我们每个人都会问自己为什么会出生，为什么一定会死亡，我们的生命和追求的意义是什么，我们正在做的事有什么益处，或者我们所经受的痛苦有什么意义，以及我们怎样融入事物发展的总进程中。

在这个最普遍的层面上，如果一个人不能建立某种相干一致的世界观，那么自我对世界的感觉就会崩溃。我们感到"空虚"，我们的生命"毫无意义"或者是"荒谬的""一切都是虚无的"。这一层面上所遭受的疏离感是一种普遍的精神上的疏离感。

最终，一个成功的世界观必须将所有这些层面（即个人的、社会的和精神的）融入一个相干一致性的整体中。如果做到了这一点，每个人都能有机会了解自己是谁，为什么来到这里，如何与他人相处，以及如何使个人行为具有价值。如果做不到这一点，他原本要清晰表达的世界观就会支离破碎，并且他将在某个层面上，或许在所有层面上遭受疏离感。

无论是一种世界观的成功或失败，还是在一种旧世界观被推倒之处诞生新世界观，最终都取决于个人，取决于他在多高程度上与自己的经验和自己最深处的直觉相关联。荣格说过："归根结底，最重要的是个体的生命……我们开创了自己的新纪元。"一个人要开创自己的时代，一个重要的前提是他对世界和自我的认识。

在过去两千年的大部分时间里，一部分西方人成功地接受了犹太教－基督教世界观，无论他们是否属于某个宗教团体。最明显的是，这种世界观提供了个体与宇宙和自然相关联的某种意义。

传统的犹太教－基督教世界观只是在现代的科学发现开始破坏它赖以生存的许多宇宙学假说时，才开始失去它的相干一致性。随着个人对自我和自身世界了解的不断增加，他的知识不再符合《圣经》中创世纪故事的主要特征，不再符合地球中心说的宇宙学或把人类视为唯一的生物学，也不再符合否定物理学原理的基督神迹、神圣使者和神圣干预的精神。

这个时代的新精神就是去理解、去理性地说出一件事是如何源自另一件事的，并解释其中的确切机制。正如我在整本书中已经论述过的，自从机械世界观诞生以后，它几乎触及了现代生活的方方面面。

但是，犹太－基督教世界观曾经是成功的，因为它把个人的各个方面和生活的各个层面都纳入一个相干一致性的整体，而机械世界观绝对不会真正成功。从一开始，它就无法解释或说明白意识是什么，这是硬伤。因此它被划到"三种有害的二分法"中——主体与客体（精神与肉体、内在和外在）的分离、个人与关系的分离、人类文化世界与生物物理过程的自然界分离。这是美国哲学家劳伦斯·卡胡恩（Lawrence Cahoone）提出的一种说法。虽然机械世界观成功地为我们提供了一门解释事物的科学，以及提供了一种前所未有的利用事物的技术，但付出的代价是使人类在生活的各个层面上都遭遇了疏离感。

这"三种有害的二分法"让我们产生了好奇，有自觉意识的人类是如何与自我（我们的肉体、我们的过去与未来、我们的亚我）、与他人或与大自然和现实的世界联系在一起的。在试图解决这些问题的过程中，我们的心理学、哲学和宗教竟然分裂成了对立的两极。恰如叶芝在谈到这个时代时所说的："一切事物都破碎了，没有中心。"

精神与肉体的分离、内心与外界的分离，产生了极端主观主义（没有客观的世界）和极端客观主义（没有主观的世界）的二分法。于是唯心主义否定物质的真实性和重要性，把一切都还原为精神，而唯物主义否定精神的真实性和重要性，把一切都还原为物质。弗洛伊德认为，内心是真实的，是可以接近的；外界则是一种投射，并且许多神秘主义流派的思想也都反映了这一观点，比如认为世界就是摩耶的面纱，即一种被遮蔽的幻觉。而在另一个极端，行为主义假定外界是真实的，但否认与内心的关联。于是它就变成了没有心智的心理学。

把个人与他的人际关系分离，导致了一方面夸大个人主义，产生一种自私的权力欲和占有欲；另一方面产生了一种强制性的群体主义，完全否认个人的意义或重要性，同时强调关系是至高无上的。

把文化与自然分离，既导致了各种各样的相对主义——事实的、道德的、美学的和精神的（价值观判断），又导致了教条主义和宗教激进主义。在这两个极端之间似乎没有中间立场，即一种特定的看待事物的方法只是许多偶然的和相对的看待事物的方法中的一种，或者说只有一种真正的和绝对的看待事物的方法。似乎无法说明，我们既不完全是文化的产物，因此在任何已经存在的现实中没有根基，也不完全是大自然的生物（天赋的本性），因此在灵活性或创造性方面没有发展空间。

在西方，这种二分法剥夺了我们个性化的语境，使我们陷入了最深的孤立，导致了自恋。我们的内心世界无法得到外部世界的确认，这导致了虚无主义，并且否定对自己思想的确认，使我们陷入了相对主义和主观主义。每一种情况都孕育了一种形式的疏离感，而这些疏离感的总和就是现代主义的祸根。

机械世界观最终失败了，因为它没有朝着更大、更有序的一致性方向发展。它既没有反映大多数人的直觉，也没有反映大多数人的个人需要，同时也没有反映一个简单的完全传统的事实，即我们生活在一个"日益缩小的世界"里。在这个世界上，技术和大众传播、工业污染和全球灭绝的威胁使我们前所未有地意识到，从某种非常重要的意义上讲，我们都是相互依存的，我们的生活与自然界密不可分。那种导致分离并鼓励对他人和我们共同世界的自私剥削的世界观违反了自然的约束。这种世界观减少而不是增加了一致性。

机械世界观，如我所说，主要归功于笛卡尔的二元论哲学和牛顿的机械物理学。

近年来，许多人已经开始意识到新物理学，主要是量子物理学，展现了一种新世界观的前景，这种新的世界观将为我们看待自己的方式提供一定的物理基础，这个方式将使我们更整体地而不是碎片化地看待在这个世界中的我们的自我。因此大量的相关书籍和文章面世，涉及量子物理与整体论、量子物理与东方神秘主义、量子物理与治疗方法、量子物理与心理现象等。然而所有这些都是片面的，都在试图表达"正在流行"的某种东西，它满足了人们对更加一致性的世界的需求——需要为我们自己和我们的宇宙找到统一的解释，以及为我们的行为找到一个统一的根据。但它没有把这种需要本身建立在意识的物理学基础上，因此也没能为量子世界观奠定坚实的物理基础。

一旦我们建立了一种联结，以及看到人类意识的物理现象是从大脑的量子过程中产生的，人类的意识就因此和它所创造的整个世界与宇宙中的其他一切事物，即与人体、与所有其他生命和生物、与物质及其关系的基本物理学原理和量子真空本身的相干基态共享一个物理学原理，很难想象我们的生命还有哪一方面不是在一个相干的整体中。

量子世界观，超越了心灵和肉体或者说是内心和外界的二分法，它向我们展示了心灵构建单元（玻色子）和物质构建单元（费米子）都是起源于共同的量子基底

（真空），并参与了一种相互创造性的对话，这个对话的源头可以追溯到创造现实的中心。简单地说，精神是一种关系，物质与精神相关联。精神本身既不能单独进化，也不能表达任何东西；精神与物质的结合产生了我们的自我和我们的世界。

"精神"与"物质"之间的创造性对话是宇宙中所有创造性的物理基础，也是人类创造性的物理基础。在人类自我的量子特性中并不存在内心和外界的二分法，因为内心世界（思想、价值观、善、真、美等概念）和物质的外部世界（事实）是相辅相成的。

量子世界观超越了个体和关系之间的二分法，它告诉我们：个体总是在一个环境中。我就是我的关系——我与我自己内心的亚我的关系（我的过去和未来）、我与他人的关系，以及我与整个世界的关系。

我就是我，独一无二的我，因为我是一种完全独特的关系模型，但是我不能把现在的这个我从那些关系中分离出来。对于量子自我来说，个体性和关系都不是首要的，因为它们是同时从量子基底上产生的，并且具有同等的"重量"。对个体性及其关系而言，它们的基底就是大脑中的玻色 – 爱因斯坦凝聚态；对单个粒子及其关系而言，它们的基底就是量子真空中的玻色 – 爱因斯坦凝聚态。

因此，量子自我在西方个人主义的极端孤立和东方神秘主义的极端集体主义之间起到了调解作用。

量子世界观超越了人类文化和自然之间的二分法，实际上是把大自然的约束强加给了最终的胜出者——文化。

意识的物理学产生了文化的世界（艺术、思想、价值观、道德），它与解释自然世界的物理学是相同的物理学。应用于这两个世界的物理学是被需求驱动而发展的，这个需求就是要在自由地与环境对话的过程中维持和增加有序相干性。拥有量子特性的人类自我，从它的意识的机制来看，是一个自然的自我，一个自由的、有响应的自我，最终，它的世界将反映出大自然的世界。如果不是这样，这个世界就会衰退。

总之，量子世界观强调动态关系是一切存在的基础。它告诉我们，我们的世界是通过相互创造性的对话来实现的。这些对话产生于心灵和肉体（内心的和外界的、主体的和客体的）之间，产生于个人之间以及个人与物质环境之间，产生于人类文化与自然界之间。这些对话让我们看到了人类的自我是自由的和负责任的，会对其他人做出响应，会对它的周围环境做出响应，它们从本质上讲是相关联的，从本性上讲是信守承诺的，并且每时每刻都是富有创造性的。

刚拿到这本书时，我以为这是一本有关量子物理学的科普书籍。对于理工科背景的人来说，翻译和理解其内容一般都不会有大的障碍。但是随着翻译的展开，我越来越感到"举步维艰"，因为书中涉及的内容远不只是量子物理学。除了量子物理学的概念之外，实际上它还涉及西方哲学、心理学、精神分析学、宗教以及希腊神话、西方古代哲学史和西方文学等内容。对于除了自然科学以外很少涉猎西方文化领域的我来说，犹如走入了巨大的迷宫，不知哪条路能通向出口。于是，只得按照做科研的方式来逐一探索各个可能的通路。感觉整个翻译的过程就像是沿着书中各知识领域里的线路艰难跋涉的过程。尽管困难重重，甚至有时感到迷惑，但当我终于走完了全程时发现，站在迷宫出口的我与走进迷宫入口时的我已不大相同。对于书中所涉及的众多知识，如果在入口处我还是一年级小学生的话，那么当走到出口时，我自认为可以升入初中了。翻译这本书使我的视野得到了很大扩展，知识得到了很大丰富，思维能力也得到了提高，真的让我获益匪浅。

书中作者的主要观点是：人的自我意识与所处的客观世界密不可分，二者通过相互间的对话相互依存、相互创造，构成一个整体。作者认为人类的意识与微观世界中量子的行为存在很多相似之处，通过观测量子行为可以探讨人的意识，反之亦然。在论述什么是量子自我（或者说是人类自我的量子特性）以及如何建立量子世界观的过程中，作者采用实证科学的推理论证方法来解释人的自我意识到底是什么？人的自我意识与周围客观世界的关系是什么？能与客观世界产生怎样的互动？最终解答人应该如何与周围世界和睦相处、如何摆脱孤独感和疏离感的问题。

翻译过程中，物理学专业背景的作者所拥有的广博知识、深刻见解与非凡思维令我惊叹。其实，西方许多著名的科学家，他们同时也是哲学、历史、宗教、文学等方面的渊博学者，甚至是大家。比如，笛卡尔是哲学家和数学家，莱布尼兹是物理学家、数学家、历史学家和哲学家，他同时也是西方近代哲学中唯理论的领军人物。在本书中有很多地方都引用了著名物理学家伊利亚·普里戈金的论述。伊利亚·普里戈金在历史和哲学领域同样具有极高的造诣。他的耗散结构理论使他获得了诺贝尔化学奖，而这一理论又导致了人类思想的又一次重大"转向"。同哥白尼、牛顿一样，以重大科学发现为基础，对人类世界观和各领域、各学科方法论产生了决定性影响，因此普里戈金被誉为继哥白尼、牛顿、爱因斯坦之后的第四位最伟大的科学家。

通常的观念认为，自然科学与社会科学是两个完全独立的领域。事实上，西方的科学原本是哲学的一个分支。西方探究哲学问题的许多方法也是自然科学中的常用方法。这些正是西方文化中非常有益的重要部分。因此，我们在学习和希望赶超西方科学技术的同时，应该认识到学习他们的哲学思维和逻辑思维方式、学习他们的实证科学研究方法的重要性，这是产生科学思想与理论的基础。我们的科学技术如果没有思想理论做基础，自身将走不远，也走不稳。我认为了解这些比单纯理解某些具体知识领域的概念更重要。真希望在我们的文化土壤中能具有更多产生诺贝尔奖得主、理论和思想大师的养分。如果本书的翻译能在这方面起到一点点促进作用，我将感到无比欣慰。

东西方在文化与思维方式上存在着较大差异，使得我在翻译书中某些抽象概念时找不到完全对应的汉语词语，这可能会给读者在理解这些抽象概念时带来一些困惑。因此，我在翻译时一方面努力忠于原文的意思，另一方面通过在文字下面加着重号来帮助读者断句和理解。由于本人各方面的水平有限，译文中难免出现各种错误，衷心希望专家和读者给予指正。

翻译过程中，得到了朋友和家人在各个方面的鼎力相助，包括协助和纠正英文翻译、解释心理学和哲学等专业词汇、审核和讨论译文等。在此衷心感谢王飞宇、卫林、吕玫、梁怡文、周颐、刘瑛、刘芳丽以及所有提供过帮助的朋友们！

修　燕

北京阅想时代文化发展有限责任公司为中国人民大学出版社有限公司下属的商业新知事业部，致力于经管类优秀出版物（外版书为主）的策划及出版，主要涉及经济管理、金融、投资理财、心理学、成功励志、生活等出版领域，下设"阅想·商业""阅想·财富""阅想·新知""阅想·心理""阅想·生活"以及"阅想·人文"等多条产品线。致力于为国内商业人士提供涵盖先进、前沿的管理理念和思想的专业类图书和趋势类图书，同时也为满足商业人士的内心诉求，打造一系列提倡心理和生活健康的心理学图书和生活管理类图书。

《理性思辨：如何在非理性世界里做一个理性思考者》

● 英国哲普天王、畅销书《你以为你以为的就是你以为的吗？》的作者最新力作。

● 我们必须恢复理性，重新正确地评估它，既不要过分赞誉，也不要完全诋毁。理性不需要无菌的、科学的世界观，它只是涉及在需要思考的地方应用批判性思维。

《美国积极思想简史：论那些重塑美国国民特质的思维模式》

● 第一部关于美国"新思想、积极思想"的学术著作，也是一本历史学著作，同时也是一本精神心理学方面的著作。

● "新思想、积极思想"是人类共同的精神财富，它是人们在新的时代对人类自身的许多这类终极问题进行探索和思谋的结果。作为一种人生哲学，它具有普世价值。

《未来生机：自然、科技与人类的模拟与共生》

● 从 Google 到 Zoogle，关于自然、科技与人类"三体"博弈的超现实畅想和未来进化史。

● 中国科普作家协会科幻创作社群——未来事务管理局、北京科普作家协会副秘书长陈晓东、北师大教授、科幻作家吴岩倾情推荐。

《好奇心：保持对未知世界永不停息的热情》

- 《纽约时报》《华尔街日报》《赫芬顿邮报》《科学美国人》等众多媒体联合推荐。
- 一部关于成就人类强大适应力的好奇心简史。
- 理清人类第四驱动力——好奇心的发展脉络，激发人类不断探索未知世界的热情。

《思辨与立场：生活中无处不在的批判性思维工具 》

- 风靡全美的思维方法、国际公认的批判性思维权威大师的抗鼎之作，带给你对人类思维最深刻的洞察和最佳思考。
- 北京师范大学心理学院院长许燕、对外经济贸易大学英语学院院长王立非作序推荐。

《心灵三问：伦理学与生活》

- 伦理学普及读本，阅读本书，读者能对伦理学有更清晰地认识，理解伦理学对实际生活的意义，以及我们为什么要成为一个有德行的人。
- 从现在开始，你的决定意味着你将成为一个什么样的人。

《安妮聊哲学》

- 英国最受追捧的安万特科学图书奖得主安妮与你聊聊哲学那些事有料、有图、有真相，另类解读让你在捧腹之余，感悟人生的真谛。
- 让安妮·鲁尼带你走进哲学的世界，了解重要的哲学思想，培养哲学思维，领悟看似高深莫测的人生问题背后的哲学真相。